NEUROCIÊNCIA E
mindfulness

C834n   Cosenza, Ramon M.
        Neurociência e *mindfulness* : meditação, equilíbrio
    emocional e redução do estresse / Ramon M. Cosenza. –
    Porto Alegre : Artmed, 2021.
        182 p. : il. ; 23 cm.

        ISBN 978-65-5882-005-5

        1. Psicoterapia – *Mindfulness*. I. Título.

                                            CDU 159.922-053.2

Catalogação na publicação: Karin Lorien Menoncin – CRB10/2147

NEUROCIÊNCIA E *mindfulness*

meditação, equilíbrio emocional e redução do estresse

Ramon M. Cosenza

Médico e Doutor em Ciências. Professor aposentado do Instituto de Ciências Biológicas da Universidade Federal de Minas Gerais.

artmed

Porto Alegre
2021

© Grupo A Educação S.A., 2021.

Gerente editorial
Letícia Bispo de Lima

Colaboraram nesta edição:

Coordenadora editorial: *Cláudia Bittencourt*

Capa: *Paola Manica | Brand&Book*

Ilustrações: *Gilnei da Costa Cunha*

Preparação de originais: *Paola Araújo de Oliveira*

Leitura final: *Heloísa Stefan*

Projeto gráfico e editoração: *TIPOS – Design editorial e fotografia*

Reservados todos os direitos de publicação ao GRUPO A EDUCAÇÃO S.A.
(Artmed é um selo editorial do GRUPO A EDUCAÇÃO S.A.)
Rua Ernesto Alves, 150 – Bairro Floresta
90220-190 – Porto Alegre – RS
Fone: (51) 3027-7000

SÃO PAULO
Rua Doutor Cesário Mota Jr., 63 – Vila Buarque
01221-020 – São Paulo – SP
Fone: (11) 3221-9033

SAC 0800 703 3444 – www.grupoa.com.br

É proibida a duplicação ou reprodução deste volume, no todo ou em parte, sob quaisquer formas ou por quaisquer meios (eletrônico, mecânico, gravação, fotocópia, distribuição na Web e outros), sem permissão expressa da Editora.

IMPRESSO NO BRASIL
PRINTED IN BRAZIL

Para Ana.

AGRADECIMENTO

Interdependência é um aspecto característico da vida em nosso planeta: nada ocorre ou se faz isoladamente. Como escreveu Guimarães Rosa, "... a vida é mutirão de todos, por todos remexida e temperada". Isso vale também para a criação de um livro. Muitos participaram das diferentes fases da preparação desta obra e a todos, mesmo sem mencionar nomes, deixo aqui registrada minha gratidão.

SUMÁRIO

	Introdução	1
1	A atenção e sua regulação	9
2	A cognição e sua regulação	25
3	Emoções e sua regulação	45
4	As emoções negativas, a dor e o estresse	69
5	As emoções positivas	91
6	A motivação e sua regulação	113
	Bibliografia selecionada	139
	Apêndice: Algumas práticas de meditação	149
	Índice	179

INTRODUÇÃO

No início do século XXI, ocorreu no Ocidente um enorme aumento do interesse pela meditação e, particularmente, pela chamada atenção plena, como se convencionou chamar em português o que nos países de língua inglesa se denomina *mindfulness*. Essa onda, que percorreu as Américas e a Europa, teve sua origem no êxito alcançado pelo programa Mindfulness Based Stress Reduction (MBSR), ou Redução do Estresse Baseada em Mindfulness, desenvolvido por Jon Kabat-Zinn na Universidade de Massachusetts no final dos anos de 1970. Nesse programa, com duração de oito semanas, os sujeitos eram introduzidos a práticas de meditação e de yoga, visando ao manejo de alguns problemas crônicos de saúde.

O grande sucesso do MBSR na redução do estresse, no controle da dor crônica e no manejo da recaída da depressão, entre outros resultados, motivou o aparecimento de vários outros programas semelhantes e também suscitou a curiosidade do mundo científico, com aumento exponencial das publicações sobre *mindfulness* e meditação, assuntos até então tidos por muitos como esotéricos e com conotações religiosas, particularmente relacionados ao budismo. Como resultado, acumularam-se evidências dos benefícios que podem proporcionar, e as correlações neurobiológicas de sua prática têm sido cada vez mais esclarecidas, além de ter ficado claro que a atenção plena e a meditação podem ser praticadas e ensinadas em contextos totalmente laicos.

Mas o que é *mindfulness* e o que é meditação? A palavra *mindfulness* é uma tradução para o inglês da palavra *sati*, que, no idioma páli,* significa memória, ou lembrar. Seria, mais especificamente, trazer algo para a consciência e manter a atenção em um objeto de escolha por um período determinado – um conceito que se aproxima do que a neuropsicologia chama de memória de trabalho, ou memória operacional. Em uma tradução literal do inglês, *mindfulness* seria a qualidade de quem é atento, e o termo tem sido transposto, como já dissemos, como atenção plena ou consciência plena.

É bom lembrar que, em inglês, o oposto de *mindfulness* é *mindless* (desatento). É o estado – muito frequente – em que estamos funcionando com um "piloto automático", no qual, embora estejamos presentes em um lugar, estamos perambulando em pensamento, divagando e, portanto, mentalmente ausentes.

Mindfulness pode, então, ser concebida como uma maneira de manter a atenção consciente em um objeto de escolha, sendo que, ao mesmo tempo, tem-se tanto a consciência do objeto quanto a consciência de estar atento. No contexto dos programas aos quais nos referimos, costuma ser conceituada como a atenção voltada para o momento presente, de forma voluntária e contínua, mas também com abertura ao que aparece no fluxo da consciência, sem emissão de julgamentos. Segundo Christopher Germer, seria o "dar-se conta do momento presente, com abertura e aceitação". Ou seja, nesses programas o conceito original foi expandido para incluir uma atitude acrítica, a ausência de julgamento e a aceitação.

O termo *mindfulness*, na verdade, tem sido usado como "guarda-chuva", utilizado para denominar diferentes conceitos. Nos programas ou intervenções baseados em *mindfulness*, frequentemente estão incluídas práticas que não se enquadram exa-

---

* É uma antiga língua indiana, derivada do sânscrito. Nesse idioma foram registradas algumas escrituras originais do budismo.

tamente no conceito original de *sati*. Além disso, com frequência há uma confusão entre meditação e *mindfulness*. A atenção plena (*mindfulness*) pode ser cultivada por meio da meditação, em que se treina a atenção ao momento presente, observando a respiração, o próprio corpo ou os processos mentais. Porém, a palavra *mindfulness* também é utilizada para designar um tipo de meditação, o que pode levar ao equívoco.

E o que é meditação? Esse termo refere-se a uma grande variedade de práticas que têm sido preconizadas por inúmeras tradições espirituais ao longo dos tempos, com diferentes objetivos. Suas origens remontam há mais de três mil anos, e o termo para designá-las, em sânscrito ou em páli, é *bhavana*, que significa "cultivo". Não é simples definir meditação, uma vez que as práticas são múltiplas, mas todas elas têm em comum o treinamento da atenção voluntária (também chamada de atenção executiva) para desenvolver estados mentais positivos e a capacidade da mente em contemplar a si mesma. Todas compreendem o cultivo de um processo de autotransformação, que leva a um modo particular de estar no mundo.

Convém lembrar algumas interpretações errôneas sobre a meditação: não se trata de criar uma mente vazia ou de ficar desprovido de emoções. Sua prática não exige um isolamento da vida rotineira, assumir posturas específicas, como se sentar no chão em posição de lótus, e não tem que, necessariamente, promover a beatitude ou o êxtase. Ademais – é muito importante não perder isso de vista –, a meditação pode ser aprendida ou praticada sem qualquer conotação religiosa.

Os diferentes tipos de meditação se contam às dezenas, mas, para os nossos objetivos, podemos considerar três categorias básicas, que são as utilizadas nos programas laicos de *mindfulness* aos quais já nos referimos: atenção focada, monitoração aberta e amorosidade/compaixão.*

Na atenção focada, o meditador procura focar e manter a atenção em um único objeto (respiração, partes do corpo, mantra). Ela é importante para treinar e estabilizar a atenção e a concentração, diminuindo a tendência à divagação. Quando ocorre divagação, retorna-se o foco de atenção ao objeto-alvo (o que deve ser feito com gentileza e sem irritação). Esse tipo de meditação exercita a atenção voluntária, diminui a tendência à divagação e promove uma sensação de calma e tranquilidade.

---

* Em páli, a meditação da atenção focada é conhecida como *shamatha* (*shamatha bhavana*); já a monitoração aberta é conhecida como *vipassana*, e a meditação da amorosidade, como *metta*.

Na monitoração aberta, que tem uma correspondência mais direta com o conceito de *mindfulness*, o meditador simplesmente observa as experiências que ocorrem em sua consciência de momento a momento, em uma atitude não reativa e sem julgamentos. As experiências incluem pensamentos, sentimentos e sensações corporais internas, bem como os estímulos externos presentes. Com frequência envolve uma metacognição, que permite observar os processos mentais (cognitivos e afetivos) de forma descentrada, ou seja, como se eles estivessem ocorrendo sem o envolvimento do observador. Esse tipo de meditação pode promover o *insight* sobre a natureza do funcionamento mental.

Na meditação da amorosidade (gentileza amorosa ou *loving-kindness meditation*), o objetivo é cultivar e desenvolver qualidades positivas como a gentileza, a compaixão ou a gratidão. O praticante procura gerar sentimentos de boa vontade para si mesmo e para os outros. O cultivo da amorosidade promove atitudes pró-sociais e aumenta a sensação subjetiva de bem-estar.

Diferentes tipos de meditação, embora envolvam sempre a atenção voluntária, utilizam variados estilos ou técnicas atencionais. Nos programas de intervenção baseados em *mindfulness* tudo tem sido colocado em uma mesma cesta, chamada de meditação da atenção plena ou simplesmente *mindfulness*. Isso se torna um problema quando se deseja conhecer e estudar de forma científica os processos fisiológicos e as aplicações decorrentes dessas práticas. Sabemos, por exemplo, que as três categorias de meditação mencionadas parecem ter correlações diferentes quanto ao efeito exercido no sistema nervoso central.

Muitos estudos com técnicas de neuroimagem têm procurado demonstrar que a prática da meditação tem impacto sobre a neuroplasticidade, provocando mudanças estruturais e funcionais no cérebro, com consequentes alterações nos funcionamentos cognitivo e emocional. Embora o assunto ainda esteja sendo investigado e mais estudos sejam necessários para conclusões definitivas, algumas áreas corticais parecem ser modificadas: região pré-frontal, giro do cíngulo e córtex insular, por exemplo. Nessas áreas ocorre um aumento da espessura, indicando alterações das conexões entre as células presentes. Deve-se levar em conta que os circuitos em que essas estruturas estão envolvidas também são afetados. Conforme pode ser visto na Figura I.1, estruturas subcorticais, como a amígdala cerebral, também podem ser alteradas.

Todas as práticas meditativas, ao que parece, têm ação sobre a ínsula e os processos de interocepção, que é a informação que chega ao cérebro sobre o que ocorre no interior do corpo. A meditação permite que essas sensações sutis sejam percebidas de forma

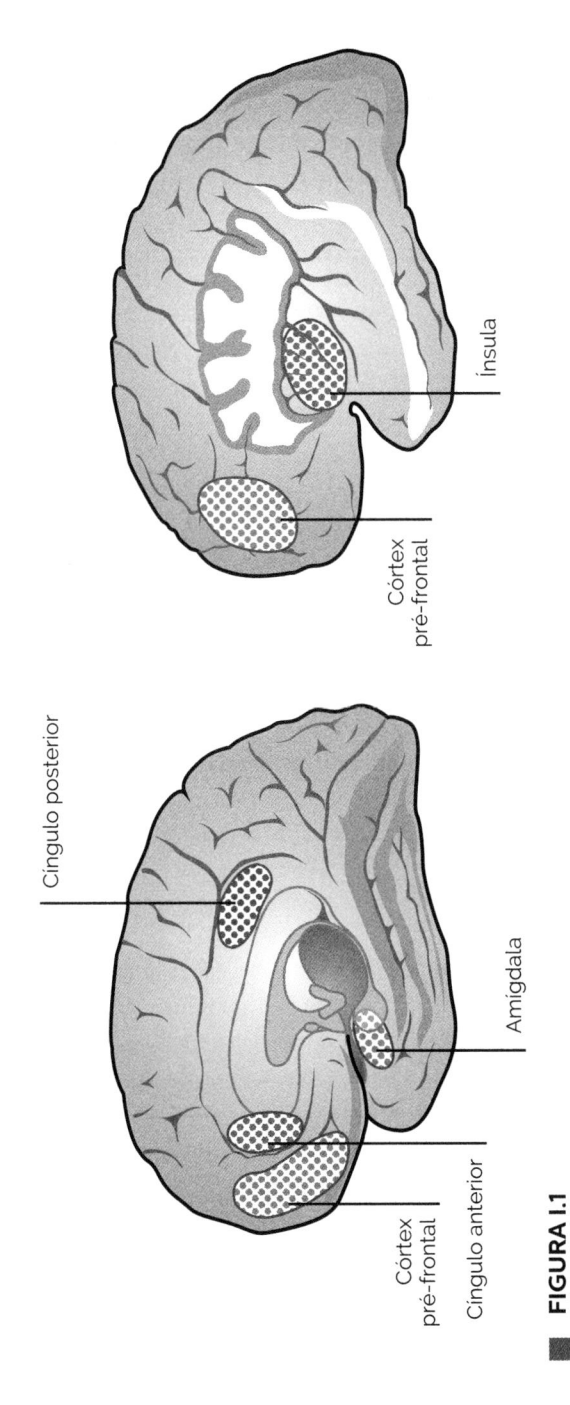

FIGURA I.1
Algumas regiões cerebrais que costumam ser modificadas pelas práticas de meditação.

mais clara, sendo possível observá-las de maneira descentrada – a de ter uma experiência, em vez de "ser" a experiência – ou seja, sem se identificar com elas. A ínsula, como veremos no Capítulo 3, é um centro nervoso importante para o processamento dos sentimentos emocionais e para a tomada de decisão. Ela parece ser determinante para a sensação de presença no momento corrente e para a interação social.

Ainda que não haja evidências efetivas dos processos pelos quais a meditação provoca as modificações descritas na literatura científica, Britta Holzel e colaboradores propõem quatro elementos constituintes nos efeitos da prática de *mindfulness*: 1) regulação da atenção; 2) aumento da consciência corporal; 3) regulação emocional; e 4) mudança da autopercepção. Muitos autores sugerem que a prática meditativa leva, em última análise, a um aumento da habilidade de autorregulação, que seria obtida por intermédio desses fatores.

Porém, o que seria a habilidade de autorregulação? Basicamente, trata-se do processo pelo qual podemos dirigir nossas ações, pensamentos e decisões no sentido de atingir um determinado objetivo. O conceito de autorregulação tem uma superposição com o que, em neuropsicologia, se conhece como funções executivas. Elas são o conjunto de processos cognitivos com os quais estabelecemos nossa estratégia comportamental, selecionando objetivos, monitorando e flexibilizando nosso comportamento e mantendo a conduta dentro dos padrões determinados pela sociedade em que vivemos. Trata-se de um conceito amplo, que envolve várias funções neuropsicológicas, como a atenção, a cognição, a motivação e as emoções. Sabemos que as funções executivas são coordenadas pela região mais anterior do córtex cerebral, a chamada região pré--frontal, e sabemos igualmente que elas se desenvolvem nas crianças e nos jovens de forma paralela ao desenvolvimento dessa região cortical.

Estudos indicam que a capacidade de autorregulação tem enorme importância ao longo da existência, correlacionando-se não somente com o desempenho escolar entre os jovens, mas também com a saúde física e mental, com o sucesso profissional e com as habilidades sociais na vida adulta. Embora as pessoas possam ter diferentes habilidades de autorregulação, as evidências apontam para o fato de que elas podem ser cultivadas e desenvolvidas durante toda a vida, sendo a meditação um instrumento útil para esse propósito. Como vimos, a região pré-frontal, reguladora dessas funções, é uma das estruturas modificadas pelas práticas meditativas.

Alan Wallace e Shauna Shapiro sugerem que o equilíbrio do funcionamento mental – que seria o alicerce para a obtenção do bem-estar – pode ser cultivado observando-se essencialmente quatro equilíbrios: da atenção, da cognição, da emoção e da motivação. Eles influenciam no controle de diferentes aspectos da função executiva e podem proporcionar um aumento da capacidade de autorregulação, que, por sua vez, conduziria a um aumento da sensação subjetiva de bem-estar e a uma existência mais saudável e serena.

Wallace insiste na importância do desenvolvimento desses quatro equilíbrios em seus textos e, juntamente com o psicólogo Paul Ekman, concebeu um programa, denominado Cultivating Emotional Balance (CEB), voltado para o cultivo do bem--estar por meio da prática da meditação. Esse programa está presente em muitos países, inclusive no Brasil.

Para este livro, tomamos como linha de trabalho exatamente a abordagem daqueles quatro equilíbrios. Estruturamos esta obra de forma a estudar separadamente cada uma dessas funções, conhecendo suas bases neuropsicológicas, procurando verificar como cada uma delas pode ser alterada pela prática meditativa e quais as consequências dessas alterações para a obtenção do aumento de bem-estar e da capacidade de autorregulação.

Assim, a atenção, a cognição e a motivação são apresentadas em capítulos específicos. Três outros capítulos abordam as emoções e sua regulação. Foi incluída, também, uma seleção de referências com as evidências que corroboram o relatado nos capítulos. Finalizamos com um Apêndice, contendo a descrição de práticas meditativas recomendadas para impulsionar a obtenção dos equilíbrios abordados ao longo da obra.

O material contido no livro pode ser utilizado como um programa para o cultivo da autorregulação e do equilíbrio emocional, bem como para a redução do estresse. Para tanto, recomenda-se a leitura de um capítulo por semana, durante a qual se exercitam as práticas meditativas indicadas em cada um deles.

Esperamos que o leitor, ao chegar ao final do livro e tendo experimentado as práticas sugeridas, tenha percorrido um bom trecho do caminho rumo ao autoconhecimento e ao aumento subjetivo do bem-estar, e ao mesmo tempo tenha adquirido maior compreensão do que a ciência moderna pode oferecer como explicação para as transformações que a prática da meditação costuma trazer para a existência diária – transformações essas que são do conhecimento das tradições contemplativas há algumas centenas de anos.

1 A ATENÇÃO E SUA REGULAÇÃO

A todo momento somos submetidos a uma enorme quantidade de informações. Podem ser estímulos externos que chegam aos órgãos sensoriais e daí são levados até o cérebro, ou processamentos internos – pensamentos e sentimentos – que bombardeiam nossa consciência, reclamando o nosso cuidado. Muitas dessas informações não têm relação direta com nossas necessidades ou com a conduta de um determinado momento. Por isso, é vantajoso selecionar quais são úteis e quais podem ser descartadas, uma vez que o cérebro tem capacidade limitada para processar informações de forma consciente. Não surpreende, portanto, que existam mecanismos neurais dedicados à seleção das informações relevantes: dispomos de um filtro por meio do qual podemos priorizar o que é importante, deixando de lado o que for dispensável. É a isso que chamamos de atenção.

O cérebro, que é um produto da evolução biológica, tem como função primordial permitir a interação adequada com o ambiente, de modo a garantir a sobrevivência dos indivíduos e da espécie. Nessa interação, é importante localizar a todo momento no ambiente quais são os estímulos relevantes. Como e onde encontrar alimento, abrigo ou parceiro sexual? Como identificar e evitar predadores, substâncias venenosas ou objetos perigosos? Temos que estar cientes das oportunidades e dos perigos que nos cercam, e o cérebro faz isso constantemente, utilizando os processos atencionais.

Uma metáfora muito empregada para descrever a atenção utiliza a imagem de uma lanterna que pode iluminar, por exemplo, as informações procedentes de determinada modalidade sensorial, como a visão, que é então privilegiada no fluxo da consciência. Dentro do campo visual, é possível, ainda, favorecer um determinado objeto ou localização, fazendo outras informações sensoriais passarem para um segundo plano ou mesmo serem ignoradas. Esse foco de luz metafórico pode, além disso, ser dirigido para os aspectos internos do processamento mental. Nesse caso, podemos prestar atenção aos nossos pensamentos ou sentimentos, nos empenhar em resolver problemas complexos ou tomar decisões conscientes importantes.

CONTROLE NEURAL

Nossa atenção pode ser regulada de duas maneiras: de "baixo para cima" ou de "cima para baixo". Exemplos do primeiro caso ocorrem quando ela é capturada por estímulos periféricos, que são intensos ou inusitados (como uma sirene ou um farol), que estão ligados a mecanismos instintivos (a visão de uma aranha) ou que são identificados como relevantes porque foram aprendidos anteriormente (o cheiro de gás em um ambiente). Essa é uma forma de atenção que chamamos de atenção reflexa. No segundo caso, de "cima para baixo", o processamento atencional é controlado por mecanismos cerebrais que o direcionam para aspectos vantajosos em um determinado momento: essa é a atenção voluntária. No cotidiano, ambos os processos de regulação contribuem, alternadamente, para que a atenção exerça o seu papel.

Estudiosos dos processos atencionais no cérebro conseguiram localizar três circuitos, ou cadeias neuronais, que são importantes para a regulação da atenção. O primeiro deles, o circuito de vigilância ou alerta, serve para controlar o estado de alerta ou de sonolência: ao longo do dia, passamos por períodos de sono e por períodos em que estamos acordados, e esses estados – que vão do sono profundo à vigília completa – são regulados por mecanismos nervosos. Quando estamos sonolentos, fica prejudicado o funcionamento da atenção. Porém, um estado agudo de alerta, causado por uma condição de ansiedade, por exemplo, também pode prejudicar a eficiência da atenção e o processamento cognitivo. Um nível intermediário de vigília é ideal para que o cérebro possa prestar atenção em diferentes modalidades sensoriais, em eventos ou objetos notáveis ou em alguma característica especial julgada importante. O circuito nervoso que regula esses níveis de alerta tem seus neurônios localizados em uma região situada abaixo do cérebro, o tronco encefálico,[*] e esses neurônios enviam seus prolongamentos para extensas áreas do córtex cerebral,[**] conforme apresentado na Figura 1.1.

O segundo circuito regulador da atenção costuma ser chamado de circuito orientador. Seus centros mais importantes estão situados em duas regiões do córtex cerebral, uma mais posterior (córtex parietal) e outra mais anterior (córtex frontal) (Fig. 1.1). Esse circuito se encarrega de mudar o foco da atenção, quando isso é necessário. O exemplo clássico é o de alguém que está em uma festa, interagindo com um grupo de pessoas à sua volta e escuta repentinamente o seu nome pronunciado em um grupo adjacente. Quando isso acontece, a tendência é abandonar o foco atencional do momento, passando a prestar atenção no que está sendo dito pelas pessoas que produziram aquele estímulo importante. O circuito orientador faz exatamente isto: retira o foco da atenção de uma modalidade sensorial, de uma localização ou de um objeto e muda esse foco para outra modalidade, localização ou objeto. Voltando à analogia da lanterna, é como se movimentássemos a lanterna para iluminar outro local, selecionando um novo estímulo, mais relevante naquele momento.

O terceiro circuito, chamado de circuito executivo, permite que mantenhamos voluntariamente o foco da atenção, pelo período que for necessário, para atingir um objetivo ou concluir uma tarefa. Ao mesmo tempo, são inibidos outros estímulos que poderiam causar distração, perturbando o foco atencional. Esse circuito envolve regiões corticais localizadas em frente ao cérebro, em uma parte do lobo frontal vizinha ao hemisfério cerebral situado do lado oposto (córtex pré-frontal medial e cíngulo anterior;[***] Fig. 1.1). O circuito executivo é o principal elemento do controle "de cima para baixo" e é responsável pelo que costumamos chamar de atenção executiva.

---

[*] Os neurônios em questão localizam-se em uma pequena região que leva o nome de *locus ceruleus* e utilizam como neurotransmissor a noradrenalina.

[**] O córtex cerebral é constituído por uma camada de neurônios que reveste a superfície do cérebro.

[***] Aos leitores interessados em maior detalhamento anatômico, recomenda-se a consulta a um livro de neuroanatomia geral (p. ex., Cosenza, R. M. (2012). *Fundamentos de neuroanatomia*. 4. ed. Guanabara Koogan).

■ Áreas do
circuito
de vigilância
ou alerta

● Áreas do
circuito
orientador

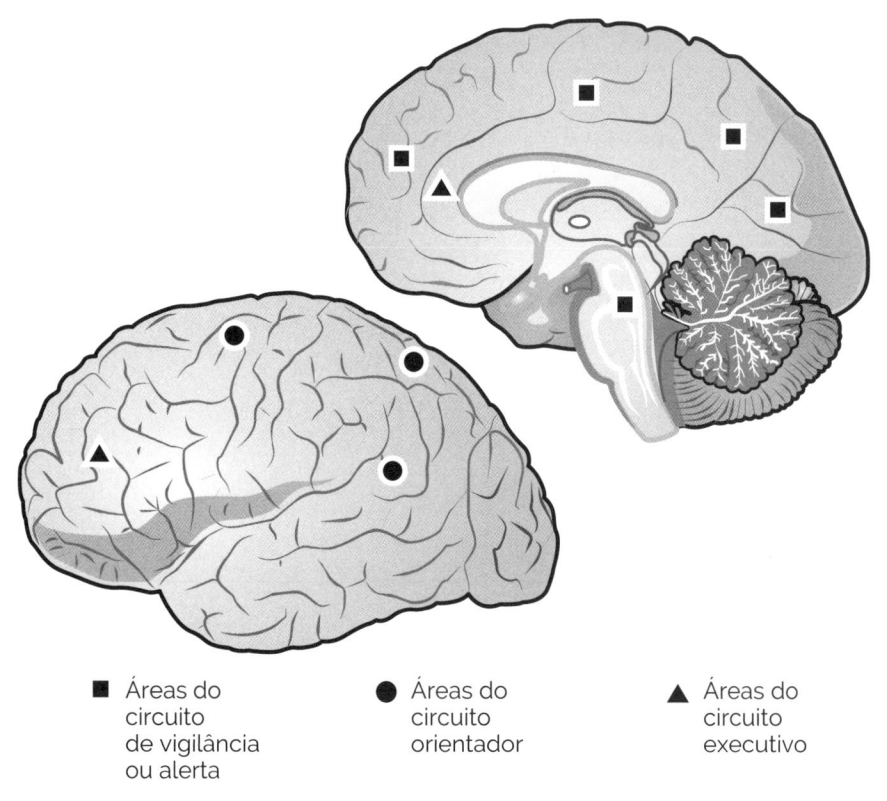

▲ Áreas do
circuito
executivo

FIGURA 1.1
Circuitos neurais que sustentam a regulação da atenção.

A atenção executiva faz parte dos mecanismos de um tipo importante de memória, a memória operacional, também chamada de memória de trabalho. Ela nos permite manter ativas na consciência as informações com as quais precisamos lidar até completar uma atividade ou atingir um objetivo. A memória operacional funciona "on-line", sendo importante para planejar e regular o comportamento, de maneira a atingir os nossos objetivos, tanto os de curto quanto os de longo prazo.

A atenção executiva é importante para o raciocínio crítico e também para a aprendizagem que ocorre no dia a dia, pois só é registrado na memória consciente o que passou pelo filtro da atenção. O sistema nervoso, como já dissemos, tem uma enorme capacidade de computação, mas é seletivo e não processa todas as informações que chegam a ele a cada momento. Seria mesmo um enorme desperdício de energia processar conscientemente informações que são desnecessárias, e por isso o papel da atenção é tão relevante.

Os três circuitos que regulam a atenção são independentes e amadurecem em tempos diferentes no desenvolvimento da criança. O circuito da vigilância já está ativo ao nascimento, enquanto o circuito orientador irá desenvolver-se ao longo do primeiro ano de vida. No início, a atenção da criança é capturada apenas por estímulos externos (como a face do cuidador) e ela não é capaz, ou tem muita dificuldade, de mudar espontaneamente o foco atencional. Durante o primeiro ano, essa capacidade se desenvolve e o cuidador já pode chamar a atenção da criança para outros aspectos do seu mundo, o que, aliás, tem um efeito calmante – todos sabemos que um chocalho distrai e acalma um bebê. Ao final do primeiro ano de vida, o circuito executivo começa a ser atuante, mas ainda de forma imatura. Com os circuitos frontais já ativos, a criança tem algum controle voluntário da sua atenção, e essa atenção executiva continua a se desenvolver nos anos seguintes, de maneira que, aos 7 anos, o seu funcionamento não difere muito daquele encontrado nos adultos.

ATENÇÃO E AUTORREGULAÇÃO

Sabemos que a atenção é importante para determinar o que percebemos do ambiente, mas geralmente não nos damos conta da influência dela para regular também o nosso comportamento. É por meio dos mecanismos atencionais que podemos inibir e ignorar estímulos que possam nos distrair. É por meio da atenção que monitoramos a todo momento o que estamos fazendo, impedindo, assim, o aparecimento de comportamentos autônomos, que podem ocorrer de forma automática se não estamos vigilantes para garantir a execução de uma conduta considerada mais importante. Por exemplo, inibimos o impulso de comer uma sobremesa tentadora para conter o sobrepeso que o médico nos recomendou evitar. Ou seja, a atenção nos ajuda a evitar a tentação de uma gratificação imediata em nome de algo mais importante, ainda que mais distante no futuro. Vale dizer que ela é fundamental para o que chamamos de força de vontade: a atenção executiva é determinante da nossa capacidade de autorregulação consciente.

Esse papel da atenção executiva nos mecanismos de autorregulação fica claro, por exemplo, quando observamos as modificações comportamentais de indivíduos com transtorno de déficit de atenção/hiperatividade (TDAH), nos quais o funcionamento do circuito executivo está desregulado. O TDAH caracteriza-se, exatamente, por uma disfunção atencional e executiva, com alteração de processamentos emocionais e motivacionais no cérebro. O resultado é a dificuldade no planejamento da conduta e na inibição de comportamentos inadequados. Nas pessoas que têm TDAH, o circuito executivo não funciona como deveria, e por isso elas não conseguem manter a atenção voluntária, nem controlar a impulsividade ou a ansiedade. Isso tem como consequência, entre outros problemas, o baixo desempenho escolar.

As pessoas variam bastante em suas habilidades autorreguladoras e isso depende, diretamente, da sua capacidade em regular a atenção executiva. A boa notícia é que, embora mecanismos genéticos sejam relevantes, essa atenção pode ser treinada e deve mesmo ser educada no processo de desenvolvimento. A influência dos pais e educadores é fundamental, principalmente se levarmos em conta que os processos neurais que lidam com a atenção estão amadurecendo nos primeiros anos de vida.

Algumas pesquisas têm evidenciado que as crianças com maior capacidade autorreguladora mostram melhor desempenho escolar e, ao longo da vida, costumam ter menos problemas financeiros ou de saúde, além de envolver-se menos em situações como o uso de drogas ou transgressões legais. Contudo, a capacidade atencional pode ser aperfeiçoada mesmo depois da infância, e cuidar do seu desenvolvimento traz vantagens significativas em muitos aspectos da existência.

Ainda que a atenção executiva tenha enorme importância na regulação do comportamento, sabemos por experiência pessoal que não é fácil manter o foco da atenção voluntária por muito tempo. Ele costuma mudar periodicamente, pois somos distraídos por estímulos periféricos ou nós mesmos interrompemos o foco de acordo com o fluxo de nossos pensamentos. Manter a atenção de maneira voluntária por um tempo mais extenso requer esforço e energia e costuma, rapidamente, levar ao cansaço. Por isso, quando não estamos envolvidos em alguma atividade mental cativante, a tendência é a divagação, ou seja, nossos pensamentos vagueiam e vão se encadeando um com outro sem um destino definido. É o que se chama de mente errante, ou *mind wandering*, em inglês.

As modernas técnicas de estudo do cérebro por meio de neuroimagens – como a ressonância magnética funcional – mostram que, quando não estamos envolvidos em uma atividade mental que exija atenção ou esforço, o cérebro permanece ativo, em um modo de funcionamento básico (ou padrão). Isso é regulado por um circuito neuronal que é chamado de "circuito cerebral do modo padrão". É esse circuito que sustenta a atividade que chamamos de mente errante. Nesse estado, que todos nós conhecemos bem, em geral estamos informalmente relembrando fatos em que estivemos envolvidos recentemente ou pensando em aspectos do futuro que nos parecem importantes. A atividade desse circuito é interrompida, no entanto, quando passamos a usar a atenção voluntária para executar uma tarefa ou resolver um problema emergente.

Essa tendência natural para a divagação é agravada no mundo moderno, em que existe uma quantidade imensa de informações disponíveis, acrescida pelo fato de que estamos acostumados, cada vez mais, a buscar informações em dispositivos eletrônicos e na internet, o que tem tudo para induzir uma atenção dispersiva. Facilmente passamos de uma informação a outra e logo em seguida já estamos em nova tela buscando ainda algo adicional. O resultado é que estamos constantemente destreinando a capacidade de exercitar a atenção executiva e, cada vez mais, perdendo a habilidade de nos concentrarmos em uma tarefa de cada vez. Consequentemente, estamos enfraquecendo nossa capacidade de autorregulação.

A perda da capacidade de manter a atenção por muito tempo tem várias consequências. Por exemplo, temos cada vez mais dificuldade para ler textos mais extensos, não temos paciência em esperar por algo que não seja imediato e essa impaciência leva à impulsividade e a efeitos imprevistos como, por exemplo, o aumento da ansiedade e da agressividade – no trânsito, na escola ou no ambiente de trabalho.

ATENÇÃO E MULTITAREFA

Existem dados que mostram que, nos últimos anos, as pessoas têm diminuído sua capacidade de manter estabilizada a atenção voluntária. Tem havido uma tendência de diminuição no intervalo de tempo em que ela pode ser mantida: o chamado *span* atencional. Na internet, por exemplo, os profissionais do *marketing* sabem que uma informação tem de ser fornecida em uma fração mínima de tempo; do contrário, ela não será captada, pois o usuário já terá movido sua atenção para outra coisa.

Vivemos em uma época em que somos bombardeados por uma quantidade de informações sem paralelo na história da humanidade, e o que a informação demanda, em última análise, é que dediquemos a ela a nossa atenção. Hoje em dia, é muito comum as pessoas se envolverem em várias atividades simultaneamente: respondem a mensagens no celular enquanto escutam música e estão, ao mesmo tempo, com duas ou mais telas abertas no computador. Temos a impressão de que isso pode ser feito de forma eficiente e que, agindo dessa maneira, aumentamos a produtividade.

Na verdade, tornamo-nos viciados na presença de alguma estimulação e temos cada vez mais dificuldade de ficar sozinhos com nossos pensamentos.

As pesquisas têm demonstrado, contudo, que não é possível prestar atenção consciente em duas atividades ao mesmo tempo. Embora tenhamos a impressão de que conseguimos essa proeza, o que o cérebro faz, na verdade, é alternar sucessivamente sua atividade entre um e outro estímulo. Com isso, o desempenho é mais lento e o processamento das informações se torna mais superficial. O cérebro só processa conscientemente uma informação de cada vez e, ao tentar dividir a atenção, são necessários alguns segundos para conseguir um novo foco adequado quando a atenção é redirecionada a uma tarefa específica, depois de uma distração. A perda de rendimento é manifesta se essas mudanças são feitas de forma sucessiva. Além disso, o hábito de estar a todo momento envolvido em multitarefa enfraquece a capacidade de manter a atenção executiva, ou voluntária, por um tempo mais prolongado. Perdemos, cada vez mais, a habilidade de concentração.

É verdade que conseguimos fazer mais de uma coisa paralelamente, se os comportamentos já estão automatizados ou não requerem um foco atencional mais intenso. Por exemplo, conseguimos dirigir ao mesmo tempo que escutamos rádio – desde que o trânsito não esteja muito complicado ou que não estejamos muito interessados em uma notícia que está sendo transmitida. Porém, quando ocorre um aumento da demanda em uma dessas atividades, não é possível acompanhar a outra, ou seja, a perda de eficiência é inevitável.

Apesar disso, a tendência em se envolver em multitarefa é generalizada. Estudos realizados nos Estados Unidos mostram que as pessoas passam um quarto do tempo em que estão acordadas envolvidas em multitarefa. Os jovens não adquirem hábitos saudáveis de estudo, pois dividem sua atenção entre dispositivos e fontes simultâneas de estimulação. No ambiente de trabalho, as pessoas são induzidas a se envolver em atividades múltiplas, sem perceber o quanto isso é prejudicial e sem se dar conta de que, em última análise, de fato isso é uma impossibilidade, já que o cérebro não tem a competência de dividir a atenção consciente.

Além disso, muitas pesquisas mostram que o envolvimento em multitarefa é bastante estressante. As pessoas se desgastam de forma desnecessária ao se envolver com ela, e o estresse decorrente pode levar a comportamentos impulsivos e irracionais. Portanto, uma regra prática, muito vantajosa e saudável para o cotidiano, é só realizar uma atividade de cada vez e prestar atenção no que se está fazendo.

As alterações emocionais que mencionamos não são surpreendentes, pois existem muitas inter-relações entre os mecanismos reguladores da atenção e aqueles que controlam os fenômenos emocionais no cérebro. As emoções são capazes de mobilizar e regular a atenção, mas o efeito inverso também ocorre. As regiões corticais que coordenam a função executiva – porções do córtex pré-frontal – influenciam as estruturas límbicas, como a amígdala cerebral, que desencadeiam as respostas emocionais. Dessa maneira, a atenção contribui de forma determinante para alcançarmos (ou não) o equilíbrio emocional e para controlarmos as reações impulsivas quando somos tomados pelas emoções.

REGULAÇÃO ATENCIONAL E MEDITAÇÃO

No fim do século XIX, William James, um dos fundadores da psicologia moderna, já afirmava que a capacidade de manter a atenção voluntária era o fundamento da capacidade de julgamento, do caráter e da força de vontade e dizia que uma educação que se voltasse para desenvolver a atenção seria a educação por excelência. De fato, a atenção executiva é o principal suporte para a capacidade de autorregulação, que, por sua vez, determina a direção de nossa vida. Desenvolver a atenção executiva, aprender a regulá-la, portanto, é um objetivo essencial, que vale a pena ser perseguido.

Porém, como desenvolver a capacidade da atenção? Existem maneiras simples, como a prática de exercícios físicos, e outras mais sofisticadas, como o uso de jogos eletrônicos especiais. Vamos nos deter em uma atividade muito antiga e que recentemente tem sido objeto de estudos científicos que vieram confirmar sua eficiência no desenvolvimento da atenção executiva: a prática da meditação.

Existem muitos tipos de meditação, desenvolvidos e praticados por várias culturas ao longo dos séculos. Contudo, se analisarmos essas práticas sob o prisma da ciência moderna, descobriremos que todas elas têm em comum o treinamento da atenção voluntária. Nos últimos anos, a meditação da atenção plena, ou *mindfulness*, tem sido foco de pesquisas científicas em todo o mundo e já existem dados suficientes para afirmar que ela é capaz de melhorar diferentes aspectos da capacidade atencional, particularmente em relação à atenção executiva.

O cérebro é uma estrutura extremamente plástica, que sofre contínuas mudanças decorrentes da sua interação com os ambientes externo e interno. Essa neuroplasticidade é o fundamento da capacidade de aprendizagem. Quando aprendemos alguma coisa, sabemos que no cérebro modificam-se algumas das conexões existentes entre suas células, e são essas alterações que constituem o substrato neural do que chamamos de aprendizagem. A neuroplasticidade é uma propriedade que está presente ao longo de toda a vida, e técnicas modernas nos permitem observar alterações no sistema nervoso central decorrentes da aprendizagem. Por exemplo, se alguns indivíduos se dedicam a praticar malabarismo com bolas, ao fim de algumas semanas observa-se que algumas regiões do seu cérebro – aquelas envolvidas na manipulação visioespacial – sofrem modificações, aumentando de tamanho. Ou seja, há transformação das conexões neuronais nessas regiões, detectável visualmente pelas técnicas de neuroimagem. Em contrapartida, se o treinamento é interrompido, em pouco tempo ocorre uma regressão ao estado anterior, precedente à estimulação. Podemos concluir que, ao longo da vida, nosso cérebro está em contínua mudança, pela interação com os estímulos que tem de processar continuamente.

Uma descoberta surpreendente é que não são apenas as estimulações provocadas pelas interações com o ambiente externo que causam modificações cerebrais. Os processamentos mentais também podem fazer isso. A prática da meditação, por exemplo, pouco a pouco muda algumas estruturas e circuitos cerebrais, o que também faz algumas funções do cérebro se alterarem. Isso tem sido demonstrado para as estruturas cerebrais que regulam a atenção.

A meditação é uma prática muito antiga e é cercada por muitos mitos. Com frequência as pessoas acreditam que meditar é ficar com a mente vazia, ou seja, não pensar em nada. Isso é praticamente impossível, pois, como vimos, mesmo quando estamos ociosos a atividade cerebral não para e, inclusive, há circuitos que são ativos exatamente nessas ocasiões. Nos Estados Unidos, a neurocientista Wendy Hasenkamp e colaboradores conseguiram demonstrar que durante a prática da meditação existe um ciclo que envolve pelo menos quatro estados diferentes: foco, divagação, consciência da divagação e mudança de foco da atenção (Fig. 1.2).

Na prática da meditação, o meditador procura manter o foco atencional em algo escolhido por ele. Pode ser, por exemplo, as sensações corporais, a respiração, os pensamentos ou um mantra – um som que é continuamente repetido. A atenção é mantida com facilidade por algum tempo, mas, mesmo contra sua vontade, eventualmente ocorre uma distração ou interrupção desse foco atencional e o indivíduo entra em divagação. Daí a pouco, ele percebe que está divagando (toma consciência da divagação) e voluntariamente retorna sua atenção para o foco inicial. Esse ciclo irá repetir-se continuamente durante a prática da meditação. Ou seja, em nenhum

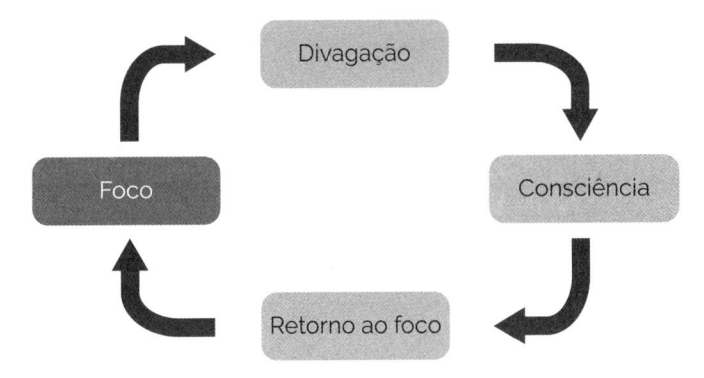

FIGURA 1.2
Estágios durante a prática da meditação.
Fonte: Com base em Hasenkamp e colaboradores (2012).

momento esvazia-se o fluxo de consciência, mas sucedem-se momentos de atenção voluntária e divagação, intercalados por momentos de consciência da divagação e da mudança voluntária de foco.

À medida que essa atividade se repete ao longo do tempo, a alternância desses estados, cada um deles dependente de estruturas e circuitos específicos, promove uma ativação da plasticidade nervosa, que fará a atenção voluntária, pouco a pouco, ser mantida por mais tempo, enquanto os períodos de divagação tenderão a ser mais curtos. O meditador experiente desenvolve, progressivamente, a capacidade de manter a atenção por períodos extensos, com menos esforço envolvido.

Contudo, isso não ocorre imediatamente. A meditação demanda um processo de aprendizagem, que requer disciplina e esforço. Costuma-se comparar esse processo com aprender a tocar um instrumento ou a nadar. De fato, meditar é algo simples, mas não é um processo fácil de início e os resultados só aparecem depois que ocorrem as alterações no cérebro, decorrentes de sua prática.

O "circuito cerebral do modo padrão", que, como vimos, está ativo nos momentos de divagação, também sofre modificações com a prática meditativa. Isso tem várias consequências, entre elas o fato de que os períodos de divagação se tornam mais curtos no meditador experiente.

Sabemos hoje que as estruturas cerebrais podem participar de diferentes circuitos, relacionados com funções muitas vezes diversas. Isso explica por que a prática meditativa, ao mesmo tempo que altera nossa capacidade de atenção executiva, modifica outras funções. O aumento da capacidade de autorregulação, promovido pela prática meditativa, altera não só a atenção, mas também o controle emocional e a autopercepção, exatamente porque as mesmas estruturas cerebrais, modificadas pela meditação, participam dessas diferentes funções.

A atenção pode ser treinada por muitas técnicas, e a utilização de jogos eletrônicos tem sido recomendada por alguns autores. Nesse caso, ocorre melhora na capacidade atencional do indivíduo, mas não se observam alterações em outras esferas do funcionamento mental – pode-se dizer que ocorreu um treinamento das redes nervosas relacionadas com a atenção. O treinamento com a meditação, no entanto, é diferente, e é possível demonstrar que ocorrem modificações que não se restringem à capacidade atencional, mas, como já dissemos, podem ser observadas também em outras funções, como a regulação emocional. Parece ocorrer uma alteração do *estado atencional*, acompanhada de modificações que vão além de uma simples mudança da atenção. Nos meditadores experientes, o cérebro é modificado de maneira que outras funções passam a operar de forma diferente.

Uma das características notórias da atenção voluntária é que ela exige esforço e, se utilizada de forma prolongada, torna-se desagradável, podendo levar a um estado de exaustão. Porém, existem estados de atenção sem esforço, como o que ocorre, por exemplo, em situações de "fluxo", como demonstrado pelo psicólogo húngaro-americano Mihaly Csikszentmihalyi. Nesses estados de atenção concentrada, como a de um músico imerso na execução de uma peça de sua predileção, ou a de um atleta totalmente envolvido na atividade em que é exímio, não existe a sensação de cansaço. Os meditadores experientes alcançam na meditação uma experiência similar. No estado de "quiescência meditativa", a atenção executiva pode permanecer ativada por longos períodos de forma a não exigir esforço nem levar à exaustão. Portanto, a meditação é capaz de promover um estado atencional diferente daquele que conhecemos no cotidiano.

Alan Wallace, intelectual norte-americano que viveu vários anos como monge budista e que tem, ao mesmo tempo, uma sólida formação científica, é um dos autores contemporâneos mais significativos e fecundos a se debruçar sobre as inter-relações das tradições contemplativas e a ciência ocidental. Em seu livro *A revolução da atenção*, ele expõe um modelo de desenvolvimento da atenção através da meditação, que se processa em vários estágios e que conduz à capacidade de suster a atenção voluntária por muitas horas sem levar à exaustão.

Na verdade, na prática meditativa, tão importante quanto prestar atenção é a maneira como se faz isso. Na atenção plena, ou *mindfulness*, por exemplo, presta-se atenção com gentileza, abertura e curiosidade. Desse modo, obtém-se o estado de atenção que mobiliza o cérebro de uma forma distinta da usual e que pode ser mantido sem esforço, ao longo do tempo. A psiquiatra norte-americana Shauna Shapiro costuma salientar que na meditação prestamos atenção com gentileza. Ela propõe que a atenção, a intenção e a atitude corretas são os três pilares para garantir o sucesso da prática meditativa. Além da atenção, que estabiliza os processamentos mentais no momento presente, é preciso cultivar também a intenção, ou seja, ter em mente o que aspiramos com essa prática e, por fim, é necessário desenvolver uma atitude – de serenidade, gentileza e curiosidade.

EQUILÍBRIO ATENCIONAL

O equilíbrio atencional a ser alcançado consiste em desenvolver a capacidade de manter um nível adequado de atenção no cotidiano, em que o foco permanece em um objeto de escolha, sem distrações, sempre que necessário. Uma deficiência nesse equilíbrio levaria à incapacidade de prestar atenção, correlacionada com a apatia, o tédio e o embotamento. No extremo oposto, uma hiperatividade atencional seria caracterizada pela inquietação excessiva, a tendência à multitarefa e a ineficiência atencional decorrente desse descontrole.

A obtenção do equilíbrio atencional traz inúmeros benefícios, entre eles o aumento do bem-estar psicológico, acrescido da ampliação da capacidade de autorregulação. Isso é particularmente útil na atualidade, em que o excesso de informação conduz a uma previsível exaustão da nossa capacidade atencional. A meditação tem se mostrado uma forma eficaz para a obtenção do equilíbrio atencional.

Práticas de meditação recomendadas (ver Apêndice):

1   Meditação – instruções gerais
2   Meditação com a atenção focada na respiração
8   Lavando as mãos com atenção plena
9   Comendo com atenção plena (*mindful eating*)

RESUMINDO

A atenção é utilizada pelo cérebro para processar o que é importante, deixando de lado o que não é. Existe mais de um tipo de atenção, mas a atenção voluntária, também chamada de atenção executiva, é a mais importante para o nosso contexto. Com ela focalizamos e mantemos na consciência aquilo em que escolhemos voluntariamente prestar atenção.

Costumamos pensar na atenção como algo voltado para fora, para as modalidades sensoriais externas, mas ela também pode ser voltada para dentro, para os pensamentos, sentimentos e emoções. Ao fazer isso, somos capazes de monitorar o que fazemos, de inibir pensamentos distraidores e de impedir o aparecimento de comportamentos involuntários. Isso faz parte do que chamamos de autorregulação.

A atenção voluntária costuma ser volátil. É difícil manter a atenção fixada por muito tempo, pois somos distraidos por estímulos externos ou por nossos pensamentos e sensações corporais. Quase metade do tempo em que estamos acordados, divagamos (*mind wandering*). Todos os tipos de meditação são formas de treinar a atenção voluntária, que passa a ser mantida por mais tempo, com menos dificuldade – e isso aumenta nossa capacidade de autorregulação.

Quando meditamos, fixamos a atenção em um objeto de nossa escolha, mas, periodicamente, nos surpreendemos divagando. É um ciclo: foco-divagação-consciência da divagação-retorno ao foco. Durante a meditação, não estamos com a mente vazia; ao contrário, mobilizamos a atenção voluntariamente, e sempre que percebemos que nos distraimos, retornamos o foco ao objeto de escolha.

Divagar é normal, trata-se de uma atividade costumeira da mente. Quando isso ocorre, basta redirecionar gentilmente o foco de atenção ao objeto escolhido.

Meditar é prestar atenção com gentileza e abertura. Na meditação atingimos um estado atencional diferente do que o experimentado no cotidiano, que pode ser mantido por muito tempo, sem fadiga.

A atenção executiva é regulada por um circuito no cérebro, localizado principalmente na região pré-frontal. Quando meditamos, reforçamos as ligações desse circuito e aprendemos a prestar atenção com proficiência. Já a divagação é sustentada pelo "circuito cerebral do modo padrão", que é modificado pela meditação e, por isso, tendemos a divagar menos à medida que meditamos, pois nossa capacidade de concentração é aumentada. Além disso, a reatividade emocional e o estresse são reduzidos.

No mundo moderno recebemos muitas informações e demandas ao mesmo tempo e nos sentimos tentados a atender a todas elas simultaneamente: nos envolvemos em multitarefa. Acontece que o cérebro não divide realmente a atenção: ele alterna entre os objetos de atenção. Isso torna o processamento mais lento e mais superficial. Além disso, desaprendemos a manter a atenção voluntária por um tempo maior. A multitarefa, além de diminuir a capacidade de autorregulação, costuma ser estressante. Seu efeito é exatamente o inverso do efeito da meditação. Por isso, devemos evitar o envolvimento em multitarefa e nos empenharmos em fazer apenas uma atividade de cada vez.

A meditação, particularmente a atenção plena, é um instrumento poderoso para aumentar a presença em nossa própria existência, participando dela de forma mais consciente e serena. Para conseguirmos o seu efeito, no entanto, é preciso praticá-la regularmente. É como aprender a tocar um instrumento musical. A meditação ativa a plasticidade cerebral e modifica o cérebro, mas as alterações ocorrem com a prática, o que requer dedicação e tempo.

2 A COGNIÇÃO E SUA REGULAÇÃO

A palavra *cognição* tem origem etimológica no latim e refere-se ao ato de conhecer. Diz respeito ao conjunto de processos psicológicos e neurobiológicos que incluem, por exemplo, a percepção, a memória ou os pensamentos, que nos permitem interagir de forma adequada com o ambiente em que vivemos. Esse processamento é responsável não só por nossa sobrevivência, mas também pela sensação de identidade ao longo da vida.

Em geral, o processamento cognitivo está associado a um "eu", que parece ser consciente e unitário. Costumamos achar que somos senhores da nossa conduta e que temos livre arbítrio. Porém, as ciências cognitivas e as neurociências têm indicado que estamos sujeitos, todo o tempo, a condicionamentos, hábitos e processos sutis de sugestionamento, que nos influenciam sem que tenhamos noção disso. A maioria dos processos mentais, na verdade, não é consciente e escapa à nossa percepção e ao exame introspectivo consciente da sua atuação. Dessa maneira, esse processamento cognitivo está muito menos sob o nosso controle do que gostaríamos de admitir.

Grande parte dos processos mentais ocorre em um nível não consciente, portanto apenas uma fração diminuta dessa atividade é ocupada pela mente consciente. É como um *iceberg*: vemos apenas uma pequena porção acima do nível da água, mas não temos noção do que está submerso, que é muitas vezes maior do que a parte visível na superfície. A cada instante, múltiplos processamentos mentais estão ocorrendo, de forma autônoma e simultânea, visando resolver a maior parte das necessidades do cotidiano. Os recursos da consciência são mobilizados apenas em ocasiões especiais, pois eles gastam muito mais energia, são mais lentos e só têm capacidade de processar uma coisa de cada vez.

Os processamentos não conscientes são mais antigos do ponto de vista da evolução biológica, são mais rápidos e econômicos e, ao longo do tempo, foram eficazes para garantir a sobrevivência e a reprodução dos animais. Em nossa espécie, o advento de um cérebro muito mais complexo possibilitou o surgimento dos processos conscientes que nos distinguem, mas, ainda assim, aqueles processamentos primitivos que herdamos da evolução estão presentes e funcionam todo o tempo, de forma sutil.

As percepções, por exemplo, são na realidade construções elaboradas por nosso cérebro a partir das informações que a ele chegam dos órgãos sensoriais. As ilusões de óptica demonstram claramente que o que vemos não é uma réplica perfeita do que impressiona a retina, mas depende do contexto, das nossas experiências prévias e da cultura em que vivemos. Essas ilusões, construídas por mecanismos nervosos automáticos, continuam a ser prevalentes, ou seja, permanecem sendo ilusões mesmo depois que sabemos, conscientemente, que são apenas isso. O cérebro, a todo momento, cria hipóteses a partir das informações que recebe, gerando um conhecimento que, muitas vezes, não corresponde à realidade. Até a percepção daquilo que consideramos ser o nosso corpo pode alterar-se facilmente por manipulação das informações ambientais.*

Além disso, sem que nos apercebamos, comportamentos e decisões do cotidiano são influenciados constantemente por sinais e pistas do ambiente, que atuam su-

---

* Ver, na internet, o ABC Science (2015). *Science of self – the rubber hand illusion* [Experimento da luva de borracha]. [Vídeo]. YouTube. Disponível em: https://www.youtube.com/watch?v=AS-M12lpDDy0

bliminarmente. Estudos mostram, por exemplo, que o nível de iluminação em um restaurante pode influenciar o quanto comemos (iluminação intensa inibe a ingestão, comemos mais quando a luz é mais fraca). Além disso, o tamanho e o formato dos copos e pratos têm um grande poder de sugestão na quantidade de consumo: temos a tendência de servir e consumir uma quantidade maior nos recipientes maiores (não é à toa que os restaurantes de autosserviço geralmente disponibilizam pratos enormes).

Outro exemplo: em uma pesquisa realizada em uma loja de vinhos, descobriu-se que uma música tocada ao fundo é capaz de influenciar de forma marcante o comportamento dos compradores. Sistematicamente, se a música era francesa, os vinhos franceses tendiam a ser preferidos, se a música era alemã, subia a venda dos vinhos alemães. Essa influência, contudo, não era percebida pelos consumidores. À saída, quando perguntados por que escolheram determinado vinho, elaboravam sempre uma explicação plausível e a maioria nem se lembrava de que havia uma música de fundo.

Esses estímulos subliminares, não conscientes, que a todo momento interferem em nossos pensamentos, decisões e comportamentos, agem por meio de um fenômeno que chamamos de "pré-ativação" (*priming,* em inglês). Eles são extremamente frequentes – embora não percebamos seu efeito – e induzem percepções, sentimentos e condutas que pensamos terem sido originados de nosso livre arbítrio.

As memórias são outro tipo de processamento cognitivo no qual temos muita confiança e de cuja precariedade não nos damos conta. Tendemos a pensar que os registros em nossa memória se fazem como em uma fotografia ou em um vídeo cinematográfico, que podem ser recuperados de forma completa e constante, todas as vezes que precisamos deles. Porém, esses registros são feitos de forma fragmentária, ou seja, diferentes particularidades da informação são armazenadas em circuitos e estruturas situados em pontos distintos do cérebro. Por causa disso, as lembranças são feitas de reconstruções providenciadas pelo funcionamento cerebral a cada momento que delas necessitamos. O que recordamos de um local visitado há algum tempo, ou de um evento ocorrido há algumas semanas, depende de uma reconstituição, que fazemos toda vez que tal lembrança é ativada. Todavia, essas reconstruções são inconsistentes, pois sofrem variações com o passar do tempo, em virtude de nosso estado mental ou mesmo por influência de outras informações.

Dessa forma, a memória tem uma natureza bem mais frágil do que gostaríamos de admitir. As lembranças que temos sobre o que nos ocorreu não são algo de que possamos ter certeza. Algumas informações são esquecidas ou editadas à medida que o tempo passa. Fazemos falsas associações, criando memórias inexatas e, além disso, muitas pesquisas demonstram que falsas memórias podem ser facilmente induzidas, sem que as pessoas se deem conta de que estão se lembrando de algo que, de fato, nunca ocorreu. Por tudo isso, cabe a advertência: não se iluda, o passado muda!

Outro aspecto do funcionamento cognitivo que eventualmente causa problemas decorre do fato de que muitas decisões e escolhas são feitas de maneira heurística, ou seja, de forma simples e automática, por intermédio do processamento não consciente. Trata-se dos chamados "vieses cognitivos", que são frequentes e que já foram descritos às dezenas. Eles são consequência, provavelmente, do longo processo da evolução biológica, durante o qual o cérebro foi desenvolvendo mecanismos que permitem tomar decisões de forma rápida, em situações que tendem a se repetir no cotidiano. Muitos autores comparam os vieses cognitivos aos aplicativos utilizados atualmente. Eles são eficientes, na maioria das vezes, para atuarmos em situações específicas, mas, como funcionam de forma autônoma, podem também resultar em soluções inadequadas, que contrariam um procedimento racional.

Um desses vieses, muito comum e facilmente observável, é o da crença: temos a tendência de aceitar como verídicos argumentos que nos parecem plausíveis sem nos preocuparmos em verificar se são de fato verdadeiros. Quando estamos despreocupados, em um ambiente não ameaçador, e recebemos uma informação que não contraria frontalmente nossos conhecimentos anteriores, temos a tendência de acreditar nela. A tempestade de *fake news* que observamos atualmente, com suas consequências tão indesejáveis, decorre da prevalência desse viés no cotidiano. Ao viés da crença, por sua vez, acrescenta-se outra perspectiva muito comum: o viés da confirmação, a tendência que temos de prestar mais atenção a argumentos e fatos que se coadunam com nossas crenças preexistentes. Se temos uma teoria, geralmente percebemos e aceitamos melhor as evidências que a confirmam e tendemos a ignorar as que a contrariam. Quem acredita em adivinhos ou horóscopos, por exemplo, costuma se lembrar de quando as previsões estavam corretas, esquecendo-se das muitas vezes em que elas não fizeram sentido.

Outro viés, também facilmente observável, é a tendência de nos organizarmos em grupos, discriminando as pessoas que participam dele das outras, que não pertencem a ele. Sabemos que, se dividirmos um determinado conjunto de pessoas em dois – de forma casual, tirando a sorte com uma moeda – em questão de minutos modifica-se, para os participantes, a forma como são vistos os pertencentes ao mesmo grupo e se instala um viés, em que o próprio grupo é visto como melhor, ocorrendo, simultaneamente, a tendência de favorecer o "meu grupo" em detrimento do "outro grupo".

Essa tendência, chamada de tribalismo, é fonte constante de desentendimentos que podem chegar, muitas vezes, à violência, que ocorre, por exemplo, entre torcidas de clubes esportivos, partidários de opções políticas divergentes ou grupos religiosos fundamentalistas.

Um fator adicional a essa questão é que as pessoas têm outro viés, o de se conformar com as percepções e opiniões do próprio grupo, passando a ter uma visão distorcida do entorno. O conformismo pode alterar até mesmo os processos da memória, de maneira que os indivíduos passam a recordar os fatos em consonância com o que pensa o grupo, mesmo que anteriormente sua memória fosse mais precisa.

Ao longo do processo evolutivo de nossa espécie, fazer parte de um grupo e imitar o que a maioria do grupo estivesse fazendo tinha um valor de sobrevivência, o que deixou marcas no funcionamento do cérebro. Esse tipo de funcionamento não consciente pode levar a condutas como racismo e xenofobia, e pode ter como consequência surtos de insensatez coletiva no campo da política ou do fanatismo religioso, por exemplo.

No entanto, mesmo depois de tomar conhecimento das falhas existentes em nosso funcionamento cognitivo, tendemos a acreditar que estamos imunes a elas, que os vieses afetam apenas as outras pessoas e que o nosso julgamento é menos suscetível a eles do que a avaliação alheia. Trata-se de mais um viés: o da cegueira para os vieses. Essa tendência pode ser inócua a maior parte do tempo, mas possibilita antagonismo interpessoal e desentendimentos. Cada um de nós se julga livre de vieses que são facilmente identificados nos outros, ou seja, acreditamos que a realidade que percebemos é a verdadeira e que a que os outros percebem é inexata, e isso leva a conflitos e a sentimentos de superioridade ou de hostilidade.

OS DOIS TIPOS DE COGNIÇÃO

Como vimos, boa parte do tempo em que achamos que somos senhores da nossa conduta e que estamos agindo por livre arbítrio, na verdade estamos sob a influência de processamentos autônomos e involuntários, ou seja, estamos atuando por conta de um "piloto automático" que não percebemos. Os estudiosos das ciências cognitivas costumam sugerir que existem dois tipos de funcionamento cognitivo. O primeiro, que pode ser chamado de tipo 1 (T1), usamos a maior parte do tempo, é menos sofisticado e é dependente dos estímulos ou pistas ambientais. Já o tipo 2

(T2) é controlado por mecanismos neurais mais complexos, que mobilizam a atenção executiva e o processamento consciente, sendo utilizado em momentos realmente importantes ou que fogem às rotinas.

O processamento T1 é autônomo, automático e instintivo. Não depende da consciência, tem execução rápida, não exige grande demanda computacional e ocorre paralela ou simultaneamente a outros processamentos T1. Mesmo em operação de maneira não consciente, pode ocorrer ao mesmo tempo que o processamento T2 está sendo utilizado. Com essas características, T1 é capaz de processar uma grande quantidade de informações ao mesmo tempo. Ele é mais primitivo do ponto de vista filogenético e não é exclusivo da espécie humana.

O processamento T1 é prevalente na vida cotidiana e nele incluem-se a regulação do comportamento pelas emoções, o desencadeamento dos vieses cognitivos, a aprendizagem implícita (como os condicionamentos) e os comportamentos que se tornam hábitos, ou seja, que passam a ser automáticos. Por esses motivos, o T1 é muito útil, mas pode levar a condutas não adaptativas quando deixamos o "piloto automático" atuar em situações em que precisaríamos estar prestando atenção.

Por sua vez, o processamento T2 é deliberado e consciente, e envolve o uso da atenção executiva e da memória operacional.* Em geral baseia-se na linguagem verbal e requer maiores recursos computacionais. Além disso, o T2 trabalha em série, ou seja, computando uma coisa de cada vez, o que o torna mais limitado em relação à capacidade de processamento. Requer, também, mais energia para ser processado e, por isso, costuma ser mobilizado apenas quando se faz necessário. Na verdade, muitas vezes achamos aversivo o uso de T2: pensar de forma coerente e deliberativa é trabalhoso e muitas vezes preferimos não fazer uso dessa capacidade.

Utilizamos o T1 em atividades costumeiras, como ao dirigir para o trabalho ou para casa, ao navegar despreocupadamente na internet ou ao fazer compras no supermercado. Nosso pensamento não está preso, necessariamente, ao que estamos fazendo, e as ações são automáticas porque já foram exercitadas muitas vezes anteriormente. A cognição T2 pode ser mobilizada quando surgem eventos que fogem à rotina: uma interrupção no trânsito, que exige planejar uma nova rota, o aparecimento, na

---

* Memória operacional, ou memória de trabalho, é a memória transitória, que permite manter as informações na consciência por algum tempo e manipular aquelas que são necessárias para a execução de uma tarefa.

tela do computador, de um assunto que nos obriga a prestar atenção sustentada ou um problema que exige raciocínio para sua solução, ou, no caso do supermercado, quando não encontramos um item usual e precisamos procurá-lo ativamente ou imaginar uma maneira de substituí-lo. Em todos esses exemplos, mobilizamos a atenção executiva, que é importante para a capacidade de autorregulação.

No cotidiano, estamos todo o tempo mergulhados em um fluxo de pensamentos que nos dá a impressão de que estamos sempre conscientes e no comando de nossas ações. Contudo, nem sempre estamos controlando de fato os pensamentos que ocorrem em nosso espaço mental. A título de exemplo, podemos comparar dois fluxos de pensamento:*

Exemplo 1

"Amanhã tenho uma consulta marcada com a cardiologista, no centro da cidade. Melhor pegar um táxi, pois não é fácil estacionar naquela praça. Aliás, bem em frente ao ponto de táxi, na praça, há um centro cultural com uma exposição interessante. Acho que irei mais cedo, para dar uma olhada. Lá tem também uma livraria, onde sempre encontro algum livro que me atrai. E na livraria, há uma seção de informática: posso comprar aquele cartucho de tinta de que estou precisando. Os trabalhos que tenho para entregar têm que ser impressos e entregues dentro de dois dias."

Exemplo 2

"Como recebo na próxima semana o décimo terceiro salário, preciso resolver o que fazer com ele. Um terço deve ser reservado para pagamento de compromissos e dos impostos devidos no começo do ano. Para os outros dois terços, há duas alternativas: eles podem ser usados para um período de férias ou para o pagamento de entrada de um carro novo. Na verdade, não me sinto muito cansado atualmente e o período do ano é de alta temporada, quando os destinos turísticos estão muito

---

* Esses exemplos foram retirados do livro Cosenza, R. M. (2015). *Por que não somos racionais.* Artmed.

cheios, além de mais caros. Daqui a alguns meses, posso pagar mais barato e, se necessário, financiar a viagem. Portanto, a alternativa do carro pode ser mais interessante. Neste mês as concessionárias de veículos costumam oferecer preços atrativos para se livrar dos estoques e eu estou tendo despesas na manutenção do meu velho carro, que poderiam ser evitadas. Então, o que farei é usar dois terços do décimo terceiro para providenciar a compra de um carro novo."

O primeiro exemplo é típico do processamento T1 quando ele se apresenta à consciência. O fluxo de pensamento é associativo, as ideias vão se sucedendo (por similaridade, disponibilidade ou contiguidade) e mudando de foco sucessivamente. Não ocorre o exame mais profundo de cada uma delas e também não há busca de alternativas. Não há um controle efetivo da cognição e a mente passeia sem maior esforço pela rede associativa das memórias. Os pensamentos viajam no tempo e no espaço, incluindo planejamentos e lembranças pessoais.

Já no segundo exemplo observamos um fluxo regulado por T2. Há uma intenção clara de se atingir um objetivo, a atenção é sustentada voluntariamente e ocorre a simulação e o exame de realidades alternativas imaginárias, que não são confundidas com a realidade presente. As diversas opções são mantidas na consciência até que uma conclusão objetiva seja atingida. Além disso, outras ideias ou processamentos são inibidos até que a tarefa seja cumprida.

O primeiro exemplo é típico dos momentos de divagação, tão comuns em nosso cotidiano. Na divagação, observamos o que chamamos de mente errante, ou andarilha (*mind wandering*), que ocorre sempre que não estamos ativamente envolvidos em uma tarefa mais cativante ou urgente. Pesquisas indicam que costumamos divagar cerca de metade do tempo em que estamos acordados.

A divagação correlaciona-se com a atividade do "circuito cerebral do modo padrão", que atua quando não temos uma tarefa cognitiva que exija esforço ou atenção. Em contraposição, a atenção executiva e a memória operacional requerem a participação, como já vimos, do córtex pré-frontal e do cíngulo anterior.

A todo momento, múltiplas computações são executadas simultaneamente no cérebro, em diferentes processamentos T1. Se o ambiente é favorável e não ocorrem incidentes que exijam maior esforço, o processamento T2 não é chamado a intervir e permanecemos no "piloto automático". Nessa situação de conforto cognitivo, em ambientes familiares, por exemplo, tendemos a relaxar e a aceitar nossas intuições, a confiar em nossas impressões e nas informações que recebemos, sem um exame mais detalhado. O "piloto automático" está em funcionamento, a divagação é prevalente, sem supervisão da atenção executiva e, consequentemente, as decisões e condutas não são decorrentes de uma vontade consciente.

O INTÉRPRETE E A ILUSÃO DO CONTROLE

Como não percebemos que estamos agindo de forma autônoma em uma parte tão significativa do tempo? Algumas pesquisas sugerem que isso se deve ao fato de que existe um módulo mental que se encarrega de criar a ilusão de controle, pela elaboração de uma narrativa que nos convence de que estamos gerenciando o que ocorre.

Já vimos que múltiplos processamentos ocorrem simultaneamente no cérebro, a maior parte deles em um nível não consciente. Quando percebemos – conscientemente – um comportamento decorrente de um desses processamentos, tendemos a criar uma explicação plausível para o que observamos. Quando reparamos em algo que pode ser perigoso – uma aranha, por exemplo – em geral nos afastamos instintivamente, em uma reação automática que ocorre antes (alguns milissegundos) de a informação chegar ao córtex sensorial, que nos permite vê-la de maneira consciente. Temos a impressão, no entanto, que reagimos porque *vimos* a aranha e é nisso que acreditamos, porque temos a necessidade de explicar racionalmente os nossos atos. Da mesma forma, os clientes da loja de vinhos que mencionamos, influenciados pela música, tinham uma explicação verossímil para a escolha dos produtos que tinham comprado. Existem, portanto, processamentos mentais que nos permitem acreditar nessas explicações ou narrativas.

Michael Gazzaniga, um dos expoentes da neurociência cognitiva, sugere que temos um módulo mental, que podemos chamar de "intérprete", que observa e explica as condutas cuja origem, na verdade, não conhecemos. Essa sugestão foi baseada em estudos feitos com pacientes que tinham os seus dois hemisférios cerebrais funcionando isoladamente, por secção do corpo caloso (que é um feixe de fibras nervosas que une as duas metades do cérebro). As pessoas com o corpo caloso seccionado podem ter uma vida normal, mas algumas características especiais aparecem quando examinadas no laboratório.

Em um experimento típico, Gazzaniga e colaboradores pediam aos pacientes com os hemisférios cerebrais isolados que fixassem o olhar no centro de uma tela que era posta à sua frente. Nessa tela eram projetadas informações, ou na metade esquerda ou na metade direita. Nesse caso, as informações projetadas do lado direito chegam somente ao hemisfério do lado esquerdo, enquanto ao hemisfério direito chegam as informações presentes do lado esquerdo da tela.

É preciso esclarecer que no hemisfério esquerdo do cérebro localizam-se, na maior parte das pessoas, as regiões que lidam com a linguagem. Assim, as informações projetadas no lado direito da tela podiam ser descritas verbalmente, mas não as informações projetadas do lado esquerdo, porque o hemisfério direito, nesse caso em que o corpo caloso estava seccionado, não tem acesso ao controle da linguagem. Outro dado importante, que precisamos levar em conta, é que o hemisfério direito comanda os movimentos da metade esquerda do corpo e que o hemisfério esquerdo comanda a motricidade do lado direito.

A Figura 2.1 mostra um dos experimentos de Gazzaniga, em que uma cena de uma paisagem cheia de neve é projetada no lado esquerdo da tela e um pé de galinha é projetado à direita. Rapidamente, pedia-se ao paciente que apontasse, entre as figuras situadas abaixo da tela, aquelas que tivessem associação com o que viam.

Pode-se observar, na Figura 2.1, que o paciente aponta uma galinha com a mão direita e uma pá com a mão esquerda. Ao ser perguntado por que foram escolhidas essas imagens, a resposta típica era: "Eu vi um pé de galinha e escolhi a galinha e como esse bicho faz muita sujeira, eu escolhi a pá para limpar". A mão esquerda, naturalmente, foi comandada pelo hemisfério direito, que teve acesso à cena de neve – que não tinha sido vista pelo hemisfério esquerdo. Este, contudo, ao perceber que a mão esquerda aponta uma pá, imediatamente cria uma explicação para esse comportamento, permitindo ao paciente elaborar uma narrativa plausível para justificá-lo.

Essa situação experimental é análoga ao que acontece de forma corriqueira no cotidiano. Segundo Gazzaniga, o processamento consciente, geralmente ligado à linguagem verbal, atuaria como um intérprete, que raciocina em termos de causa e efeito e explica o mundo e nossa conduta a partir do estado cognitivo corrente e dos sinais captados no ambiente. Esse módulo mental liga as informações internas e externas e sintetiza tudo em uma narrativa. Nós, continuamente, acreditamos no intérprete e por isso temos a sensação de que estamos no comando consciente de nossas ações. As teorias elaboradas pelo intérprete costumam ser razoáveis e plausíveis, mas não são

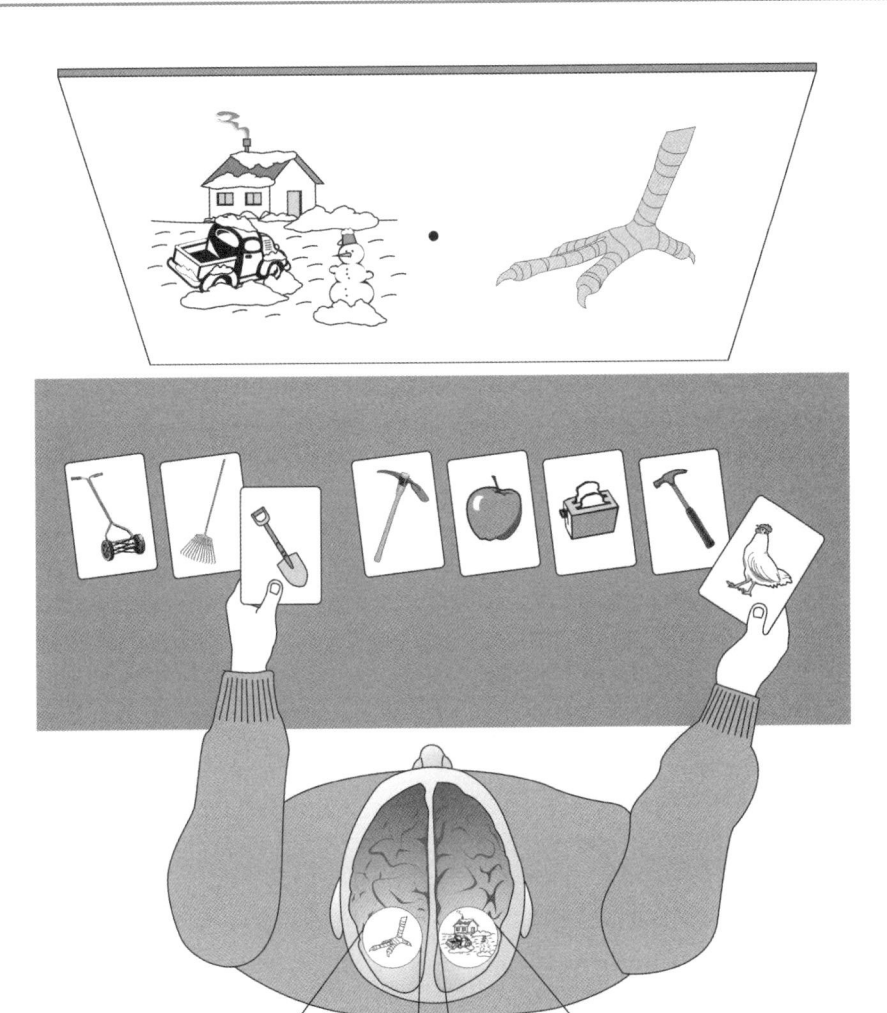

FIGURA 2.1
Experimento em que duas informações diferentes são direcionadas aos hemisférios cerebrais de um paciente com secção do corpo caloso.
Fonte: Cosenza (2015).

necessariamente corretas, pois trata-se, na verdade, de uma confabulação. Temos a impressão de que estamos exercendo uma vontade consciente e de que estamos no comando, o que não é evidência de que isso esteja de fato acontecendo.

O FENÔMENO DA CONSCIÊNCIA

O cérebro humano é constituído por um imenso número de circuitos nervosos que fazem conexões localizadas, criando módulos funcionais que computam informações de forma rápida e eficiente. Ao mesmo tempo, porém, é constituído por circuitos que ligam estruturas mais distantes, permitindo um processamento global e integrado. A maior parte da computação que ocorre no cérebro se dá nos módulos localizados, sem necessariamente despertar a consciência, mas promovendo e interferindo nas decisões e no comportamento, como vimos nos exemplos citados anteriormente. O processamento consciente, em contrapartida, parece depender da ativação dos circuitos de longa distância, capazes de coletar as informações de vários processadores, fazendo uma síntese que, por sua vez, é difundida em um espaço global.

A todo tempo, múltiplos módulos mentais estão trabalhando simultaneamente em um nível não consciente. Eles recebem informações do ambiente e do corpo, geram sensações, sentimentos, crenças, hábitos, intenções, decisões e ações. E estão todo o tempo colaborando e competindo entre si para controlar o comportamento. Alguns desses processamentos eventualmente podem atingir o nível consciente, e o que percebemos é o resultado dessa competição – o módulo vencedor ativa uma ignição global, algo como uma avalanche, que faz muitas áreas cerebrais se ativarem de forma sincronizada, criando as condições para a percepção consciente.

Todas as evidências disponíveis indicam que não existe uma sede para o processamento consciente – a consciência não é produzida por um circuito especializado no seu aparecimento. Os eventos mentais são processados por módulos que podem, em um determinado momento, ganhar o acesso à consciência, ao provocar uma ativação mais generalizada do córtex cerebral. Michael Gazzaniga sugere uma imagem metafórica da mente como um grande caldeirão em que uma sopa desses processamentos está constantemente sendo cozida sob a forma de muitos módulos funcionais. Ocasionalmente surgem bolhas na superfície desse líquido de cozimento, que representam os processos conscientes que conseguimos perceber. Sucessivas bolhas criam a impressão de um fluxo de consciência e a ilusão de que existe continuamente um sujeito consciente.

Nosso comportamento é influenciado o tempo todo por estímulos que escapam à consciência, e a percepção que temos de um eu consciente e encarregado da conduta é apenas ilusória. Porém, ao observar o comportamento que exibimos e do qual não temos consciência de onde surgiu, construímos uma narrativa, contamos a nós mesmos histórias nas quais acreditamos sem restrições. Em outras palavras, nossos pensamentos não são necessariamente verdadeiros, mas nós acreditamos neles e com eles nos identificamos. Somos constituídos pelos múltiplos processamentos que ocorrem simultaneamente no cérebro, e o módulo que cria uma narrativa não é o senhor da conduta e poderia ser descrito de maneira mais acertada como um porta-voz.

Resumindo, não há uma sede para o fenômeno da consciência, ou seja, não existe o "eu" consciente e contínuo que acreditamos estar presente todo o tempo. O que existe, constantemente, é um processamento distribuído, independente de um comando central. O sujeito consciente resulta de uma narrativa tecida por um intérprete a partir das informações que ele incorpora, ao mesmo tempo que racionaliza e ignora outras informações. Ou seja, os pensamentos não são produzidos pelo eu consciente – eles surgem para a consciência a partir de múltiplos processamentos sobre os quais não temos controle real.

A COGNIÇÃO E A MEDITAÇÃO

Os pensamentos são eventos mentais: eles nos ocorrem, mas não são gerados voluntariamente. No entanto, no cotidiano, acreditamos em nossos pensamentos pois nos identificamos com eles. "Se um pensamento me ocorreu, então é porque eu penso assim: isso sou eu". Ao fazer isso, criamos uma realidade particular, capaz de alterar nosso sentimento emocional e gerar comportamentos inadequados às circunstâncias. A partir da identificação imediata com nossos pensamentos, passamos a ter uma visão autocentrada (eu, meu, mim) que nos leva a reagir de forma irrefletida.

Essa identificação imediata pode ser evitada quando aprendemos a analisar nosso fluxo de consciência de forma "descentrada", como observadores. Por meio da meditação, podemos prestar atenção ao nosso espaço mental, observando como os pensamentos surgem e desaparecem. Ela nos ajuda a perceber que nossos pensamentos são, realmente, apenas pensamentos. Podemos observar sua ocorrência, com aceitação e sem julgamento, sem a necessidade de nos apegar a eles. Se não nos apegamos a eles, descobrimos que eles não precisam orientar o que fazemos. Quando não precisamos agir de forma compulsiva, podemos nos concentrar no momento presente com **aceitação**, o que muda a cognição, o processamento emocional e o comportamento. Em outras palavras, a meditação nos permite aumentar a capacidade de discernimento, habilitando-nos a observar os pensamentos antes de desencadear uma ação e criando a competência de, eventualmente, **escolher melhor** entre as alternativas comportamentais disponíveis.

É claro que nossos pensamentos são importantes; eles determinam, em última análise, quem somos e o que fazemos. No entanto, com a introspecção meditativa, descobrimos que podemos examiná-los e escolhê-los e que boa parte deles não tem fundamento real. A prática da meditação, em particular a modalidade que denominamos de "monitoração aberta", em que nos colocamos como observadores do fluxo da consciência, com abertura e sem julgamento, nos permite examinar com clareza o aparecimento e o desaparecimento dos pensamentos em nosso espaço mental. *Mindfulness*, por meio desse descentramento, ou atitude de metacognição, altera a capacidade de autopercepção. Aliás, é bom lembrar que o córtex pré-frontal medial, que parece mediar a autopercepção, é uma das áreas mais afetadas pela prática da meditação.

Quando divagamos e não prestamos atenção aos pensamentos que nos ocorrem, acabamos tomando decisões de forma autônoma, ou seja, vivemos no "piloto automático". A prática da meditação, como já foi demonstrado, pode nos ajudar a fugir disso, pois ela modifica o "circuito cerebral do modo padrão" – responsável pela divagação – e aumenta nossa capacidade de mobilização da atenção executiva. Ao estimular o envolvimento do processamento cognitivo T2, a atenção executiva aumenta a capacidade deliberativa consciente. Quando dirigimos a atenção voluntária para nosso processamento mental, somos capazes de pensar discriminadamente, inibindo pensamentos desnecessários e examinando alternativas de modo consciente.

Nosso livre arbítrio, como temos procurado demonstrar, é bem mais limitado do que em geral supomos, mas ainda assim é possível exercer alguma regulação sobre os processamentos automáticos. Aliás, quando tomamos conhecimento de que os processamentos automáticos funcionam a todo momento, ganhamos certa vantagem sobre eles: podemos aumentar a capacidade de autorregulação. A meditação da atenção plena (*mindfulness*) permite mudar a autopercepção e aumentar a capacidade de autorregulação, promovendo um equilíbrio mental que pode trazer bem-estar, maior discernimento e capacidade de escolha.

Em um de seus livros, Matthieu Ricard, intelectual francês e monge budista, lembra-nos de que, frequentemente, se pensa que a liberdade significa fazer o que se quer, agir de acordo com os próprios impulsos. E adverte: "Mas, somos livres quando estamos no piloto automático, sujeitos a condutas autônomas, que não promovem o nosso bem-estar? Quando o marinheiro deixa de controlar o timão, o navio não está livre, está à deriva".

Portanto, a verdadeira liberdade ocorre quando conseguimos perceber com mais clareza os eventos de nossa existência e respondemos a eles de forma consciente. Na verdade, é paradoxal, mas quando compreendemos que o "eu consciente" não é soberano, somos capazes de alcançar maior capacidade de autorregulação.

Um aspecto importante da autorregulação cognitiva que devemos levar em conta é que nossos pensamentos, frequentemente, são origem de estresse desnecessário. Criamos um círculo vicioso e ampliamos problemas que não têm consistência (Fig. 2.2). Se aprendemos a observar nossos pensamentos sem acreditar na "história que

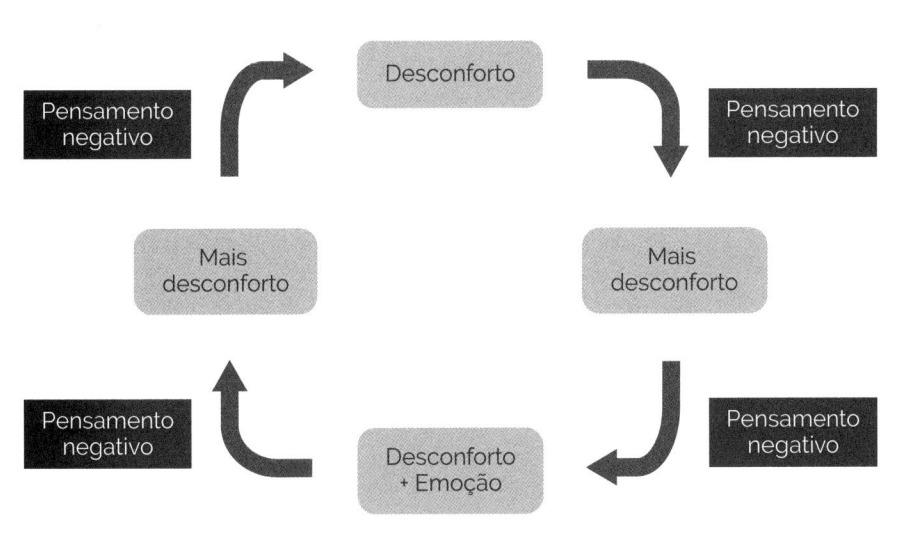

FIGURA 2.2
O pensamento — a cognição — tem a capacidade de aumentar (ou diminuir) a intensidade das emoções. Portanto, deixar de prestar atenção nos pensamentos perturbadores, ou na história que estamos contando a nós mesmos, tem um efeito benéfico.

contamos para nós mesmos de forma contínua", aprenderemos a viver com mais clareza e tranquilidade.

EQUILÍBRIO COGNITIVO

O equilíbrio cognitivo consiste na capacidade de harmonizar o processamento mental de forma a perceber com mais clareza a realidade ambiente, visando atuar da forma mais adequada para atingir nossos objetivos e alcançar o bem-estar. As pessoas podem ter um déficit no processamento cognitivo quando estão funcionando no "piloto automático" e suas reações são automáticas, não levando em conta uma análise mais precisa da realidade presente. Contudo, pode ocorrer uma hiperatividade quando nos identificamos automaticamente com nossos pensamentos e temos uma perspectiva autocentrada, o que leva a um apego excessivo ao ego (eu, meu, mim), que é gerador de desarmonia e sofrimento.

Práticas de meditação recomendadas (ver Apêndice):

3 Meditação de atenção plena com a respiração
15 PROA – Prática informal para focar a consciência

RESUMINDO

Costumamos achar que temos livre arbítrio e que somos senhores da nossa conduta. Porém, com frequência o cérebro funciona por meio de processos que escapam à nossa percepção. Somos sujeitos a condicionamentos, a hábitos e a sugestões que nos influenciam sem que tenhamos noção disso.

Por exemplo: em uma loja de vinhos, um experimento mostrou que a música de fundo influencia de forma marcante o comportamento dos compradores. Se a música é francesa, os vinhos franceses são preferidos, se a música é alemã, aumenta a venda dos vinhos alemães. No entanto, geralmente os consumidores não se dão conta de que estão sendo influenciados. Se perguntamos a eles por que escolheram determinado vinho, têm uma explicação plausível e nem se lembram de que havia uma música de fundo.

Outra função em que confiamos muito é a memória. Hoje sabemos que ela é construída e reconstruída ao longo do tempo. O que lembramos hoje sobre um evento pode ser muito diferente da forma como nos lembrávamos dele há algum tempo. O contexto da nossa vida e até nosso estado de humor influenciam a memória. Além disso, sabemos que falsas memórias ocorrem e são induzidas com frequência. Ou seja, as nossas lembranças, o que pensamos sobre as experiências vividas, estão longe de serem confiáveis.

O fluxo de pensamento é associativo. Uma coisa nos faz lembrar de outra, que nos leva a outra e assim sucessivamente. Se não prestamos atenção de modo consciente, a divagação nos faz viajar incessantemente em nossos processamentos mentais. Por isso, falamos em *mind wandering*, a mente andarilha. Os orientais comparam esse processo a um macaco louco, que pula de galho em galho, sem cessar e sem saber onde irá parar. No entanto, a divagação é a forma de pensamento em que passamos cerca de metade do tempo em que estamos acordados. Somente quando levamos a atenção consciente para o funcionamento da mente somos capazes de pensar discriminadamente, inibindo pensamentos desnecessários e examinando alternativas de maneira consciente.

Os processos mentais são gerados pelo cérebro. A maioria deles ocorre em um nível não consciente: a mente consciente é apenas uma pequena parcela do que é processado. É como um *iceberg* do qual vemos a parte acima do nível da água, mas não temos noção do que está submerso, que é muitas vezes maior do que a parte visível na superfície.

Os pensamentos a que temos acesso não são gerados por um "eu consciente". Eles surgem para o fluxo de consciência a partir de múltiplos processamentos no cérebro e não temos um verdadeiro controle sobre eles. Mais ainda, com frequência não temos uma noção real de onde surgiram esses pensamentos e nem temos acesso à origem das decisões que geraram nossa conduta.

Contudo, achamos que estamos no controle porque temos um módulo mental que cria histórias para justificar o comportamento que observamos e do qual não temos consciência de como se originou. Os compradores de vinho não sabem que foram influenciados pela música, mas estão convencidos de que fizeram uma escolha a partir do seu livre arbitrio. Isso também ocorre conosco na maior parte do tempo.

Em síntese, nossos pensamentos são eventos mentais que nos ocorrem, mas que não são gerados conscientemente. O problema é que, no dia a dia, acreditamos em nossos pensamentos pois nos identificamos com eles. Se um pensamento me ocorreu é porque eu penso assim: isso sou eu.

Por meio da meditação, podemos passar a prestar atenção no espaço mental, observando como os pensamentos surgem e desaparecem. Se não nos apegamos a eles, vemos que eles não precisam orientar o que fazemos.

Que fique claro: nossos pensamentos são importantes, eles terminam por determinar quem somos e o que fazemos. Porém, com a introspecção meditativa, descobrimos que podemos escolhê-los e que boa parte deles não tem fundamento real.

Quando divagamos e não prestamos atenção ao que pensamos, acabamos por decidir de forma autônoma, ou seja, vivemos no "piloto automático". Isso pode ser evitado quando aprendemos a analisar nosso fluxo de consciência de maneira "descentrada", como observadores. Avaliamos o que ocorre, com aceitação e sem julgamento, sem a necessidade de nos apegar aos pensamentos que surgem e desaparecem.

Com frequência os pensamentos são origem de estresse desnecessário. Criamos ou ampliamos problemas que realmente não têm consistência. Se aprendemos a observar nossos pensamentos sem acreditar na "história que contamos para nós mesmos de forma contínua", aprendemos a viver com mais clareza e mais tranquilidade.

Com a meditação, podemos mudar a autopercepção e ampliar a capacidade de autorregulação, promovendo o equilíbrio mental no dia a dia.

3
EMOÇÕES E SUA REGULAÇÃO

AS EMOÇÕES

Todos estamos sujeitos às emoções e em geral percebemos quando estamos tomados por uma delas. Contudo, quando se pede às pessoas que definam o que é uma emoção e, principalmente, se perguntamos para que elas servem, a dificuldade em responder costuma ser frequente. É claro que existem muitas maneiras de abordar as emoções e várias respostas podem ser pertinentes. Do ponto de vista que nos interessa, no entanto, podemos responder que as emoções são fenômenos que ocorrem no corpo e no espaço mental quando estamos diante de algo que é significante, ou importante, para a nossa existência. Elas nos preparam para lidar, rapidamente, com eventos que percebemos como essenciais no cotidiano.

Uma característica fundamental das emoções é que elas nos compelem à ação. Elas nos motivam a fazer alguma coisa, e a própria etimologia da palavra *emoção* tem a ver com o movimento. A emoção pela qual somos tomados nos informa que estamos diante de alguma coisa que exige uma ação – algo que nos perturba, que nos repele ou que nos atrai. Em outras palavras, algo está acontecendo, classificamos como "ruim para mim" ou "bom para mim", e é preciso fazer algo a respeito.

As emoções rapidamente alteram a fisiologia do organismo, visando prepará-lo para uma resposta: uma aproximação ou um afastamento, um confronto ou uma fuga. As ações desencadeadas em geral são automáticas e dispensam um processamento cerebral consciente. As emoções mudam nossas expressões facial e corporal antes mesmo de nos darmos conta. Elas nos mobilizam sem que tenhamos que pensar no que fazer. Alteram processamentos no cérebro, capturando a atenção e mudando a percepção do que ocorre. Surgem mudanças na expressão facial, na postura corporal e na voz. Ao mesmo tempo, entram em ação partes do sistema nervoso visceral, comandando mudanças na frequência cardíaca, na respiração e em muitas outras partes do corpo para que ele esteja pronto diante da situação que se apresenta.

Em nossa cultura, a emoção geralmente é vista como contraposição à razão. Desde os filósofos gregos, acredita-se que a emoção nos puxa para um lado enquanto a razão nos dirige para o outro. A emoção é considerada uma herança animal a ser reprimida, já que o *Homo sapiens* seria um animal racional. René Descartes (1596-1650), cujo pensamento repercute até hoje, também abraçou essa dicotomia, separando o corpo e a mente, em uma visão dualista da natureza humana.

Charles Darwin (1809-1882) talvez tenha sido o primeiro a chamar a atenção para o fato de que as emoções também são um mecanismo de sinalização intragrupal, ou seja, elas servem para comunicar a outros indivíduos que algo importante está ocorrendo. As emoções, portanto, não poderiam ser consideradas apenas um elemento desorganizador do comportamento; ao contrário, são importantes para a sobrevivência dos indivíduos e da espécie. Seguramente, somos capazes de identificar as emoções uns dos outros e existem evidências de que algumas emoções básicas são expressas da mesma forma em todas as culturas conhecidas. Isto é, a expressão dessas emoções parece ser inata, o que é importante para a sobrevivência da espécie e para os mecanismos da seleção natural. Portanto, elas apareceram, foram selecionadas e se mantiveram na evolução animal porque são importantes para a sobrevivência. Hoje, sabemos que emoção e razão caminham lado a lado, são processadas por circuitos que se superpõem no cérebro e são igualmente importantes no dia a dia.

CLASSIFICAÇÃO

As emoções têm sido objeto de estudo de muitos pesquisadores, que procuram classificá-las para uma melhor compreensão. Uma forma de fazer isso é levar em conta sua intensidade e sua valência: elas podem ser intensas ou moderadas e também agradáveis ou desagradáveis. Podem ser classificadas, ainda, como positivas ou negativas, dependendo de seus efeitos para o indivíduo e para a comunidade em que ele está inserido – nesse contexto, ainda podem ser consideradas construtivas ou destrutivas. Contudo, é bom ter em mente que todas as emoções são importantes e não são intrinsecamente boas ou más. A maneira como lidamos com elas é que pode trazer consequências positivas ou negativas, construtivas ou destrutivas.

Algumas emoções parecem estar presentes de forma generalizada, ou universal, em diferentes culturas e em outras espécies e, por isso, costumam ser chamadas de emoções básicas. Muitos especialistas, como Paul Ekman, identificam seis emoções básicas: alegria, raiva, medo, tristeza, surpresa e repugnância, ou nojo (Fig. 3.1).

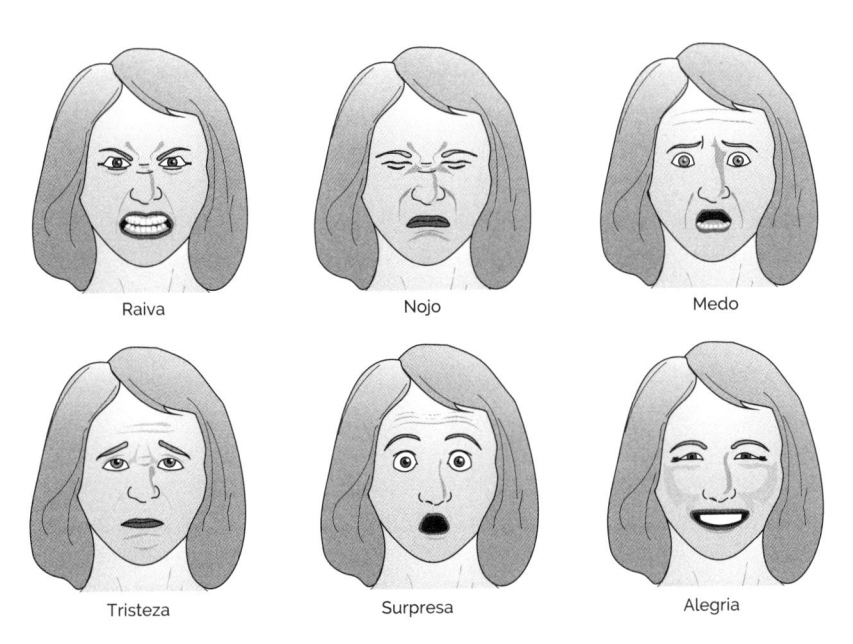

FIGURA 3.1
Expressões faciais das chamadas emoções básicas.

Cada uma delas tem uma função e se manifesta, portanto, em circunstâncias diferentes. A raiva, por exemplo, faz-se presente quando alguma coisa nos contraria ou restringe nossa autonomia, e serve para remover obstáculos, provocando luta ou conflito. O medo sinaliza um perigo e desencadeia um comportamento de fuga. A tristeza acontece diante de uma perda e serve para invocar suporte social. A surpresa indica o aparecimento de algo inesperado, que merece atenção. A repugnância, ou nojo, indica a presença de algo tóxico e desagradável e gera afastamento, como defesa. Por fim, a alegria indica a presença de uma situação agradável e fomenta aproximação e conexão.

As emoções, portanto, estão muito presentes no cotidiano e têm uma função importante a desempenhar. O medo nos traz proteção ao provocar reações automáticas em situações de perigo. A repugnância nos torna cautelosos, evitando situações que podem ser literal ou simbolicamente tóxicas. A tristeza e o desespero podem atrair ajuda e suporte daqueles que nos cercam. A própria raiva, que frequentemente desencadeia consequências indesejáveis, tem sua utilidade em muitos momentos – ela nos avisa que acontece algo que nos incomoda ou nos contraria, e nos estimula a provocar uma mudança. A raiva também pode ser importante para que nos mobilizemos a mudar em um sentido positivo, como lutar por justiça social, pela preservação da natureza ou pelos direitos universais.

As seis emoções básicas são uma classificação comumente usada, mas existem outras categorizações possíveis e é preciso lembrar que muitas outras emoções são identificáveis, como desprezo, ciúme, inveja, vergonha, etc. Além da alegria, outras emoções são positivas, como alívio, curiosidade, gratidão e compaixão. Na verdade, as emoções se contam às dezenas e muitas pesquisas recentes têm se dedicado a identificá-las e a descrevê-las, incluindo suas características, funções e perfis fisiológicos e comportamentais.

COMPONENTES E CARACTERÍSTICAS

Experimentamos as emoções como um fenômeno abrangente que ocorre, como já dissemos, no corpo e no espaço mental. Mas é bom ter em mente que as emoções não são entidades em si, pois são processamentos que têm lugar no organismo. Nesses processamentos, é possível identificar três componentes que são importantes quando tentamos entendê-las e principalmente quando pretendemos obter o equilíbrio emocional no cotidiano.

O primeiro componente é constituído pelas **respostas corporais**, ações e expressões periféricas, como desassossego, aumento do estado de alerta, suor nas mãos, lacrimejamento, etc., que geralmente aparecem de forma espontânea e que podem ser percebidas por outras pessoas atentas a elas. O segundo componente é formado pelos chamados **sentimentos emocionais**, como irritação, desânimo, euforia, etc. Eles são subjetivos, percebidos apenas pelo sujeito que está experimentando a emoção e parecem ser desencadeados a partir da percepção de sensações corporais, como o coração disparado, um "nó na garganta", um "frio no estômago" ou uma sensação de bem-estar, no caso das emoções positivas. As emoções são fenômenos que se manifestam e são percebidas no corpo: ele é o palco das emoções. Os sentimentos emocionais interagem com os processos cognitivos e são determinantes para capturar nossa atenção e nossos pensamentos, sendo capazes de influir de forma contundente na tomada de decisão. Por fim, o terceiro componente é representado pela **consciência emocional**, que ocorre quando o indivíduo pode identificar a emoção sentida, como curiosidade, alegria, medo, ódio, ciúme, etc. Veremos que a consciência emocional, muitas vezes, pode não estar presente e provavelmente é um apanágio da espécie humana. Os outros componentes (respostas corporais e sentimentos emocionais) parecem ocorrer nas emoções de outras espécies animais, como revelam muitas pesquisas e como podem perceber os que costumam ter em casa um animal de estimação, como um gato ou um cachorro.

As emoções têm uma utilidade inegável, por isso todos estamos sujeitos a elas: são inevitáveis e podem mesmo ser desencadeadas por estímulos inatos. Os primatas, por exemplo, costumam ter medo de serpentes. Em contrapartida, por meio de nossas experiências ao longo da vida, aprendemos a reagir emocionalmente – ou a deixar de reagir – a diferentes estímulos. Cada um de nós desenvolve pouco a pouco o seu portfólio emocional, que é único e pessoal. O medo, por exemplo, é determinado pelas experiências, pela história pessoal. Por um lado, podemos aprender a ter medo de uma forma disfuncional, como acontece nas fobias que povoam os consultórios dos especialistas. Por outro lado, aprendemos também a desenvolver emoções agradáveis, que dão colorido e propósito à vida, estimulando a motivação.

As emoções são frequentemente desencadeadas por estímulos ambientais, mas é importante reconhecer que nós mesmos podemos provocar reações emocionais por estímulos internos: por meio de nossos pensamentos ou pela própria disposição do corpo, por exemplo. Na verdade, com frequência desencadeamos em nós mesmos emoções que não precisariam estar presentes, porque as geramos ou as mantemos por meio de estímulos internos, nem sempre oportunos. Lembrar de situações emocionais, imaginar, falar sobre eventos significantes, sentir empatia, assumir determinada postura ou expressão facial, etc., são maneiras de desencadear emoções. Os atores sabem disso e aprendem a provocar em si mesmos emoções em tudo semelhantes àquelas que experimentam no cotidiano.

Nesse ponto, é bom lembrar que vivemos em um mundo muito diferente daquele em que viveu a maioria dos nossos antepassados. As emoções que eram importantes para a sobrevivência, como o medo para fugir de um predador, ou a raiva necessária para lutar por um alimento ou um parceiro sexual, hoje podem ser disfuncionais, quando iniciadas por incidentes corriqueiros, no ambiente de trabalho ou na vida familiar. As emoções, que no passado eram desencadeadas pela interação com o ambiente natural, hoje são mais frequentemente provocadas por processos psicológicos, que não necessitariam ter como respostas aquelas alterações generalizadas que foram moldadas pela evolução biológica. Porém, estamos programados para reagir de forma automática às emoções e, muitas vezes, elas não nos ajudam a adotar a melhor conduta ou a fazer a melhor escolha.

CONTROLE NEURAL CENTRAL E PERIFÉRICO

Sabe-se que existem no cérebro estruturas e circuitos que regulam as emoções: as chamadas estruturas límbicas, principalmente, estão associadas a essa tarefa. Contudo, é também cada vez mais evidente que não se pode separar o processamento das emoções do processamento cognitivo que envolve a razão. As mesmas estruturas neurais envolvidas em um tipo de processamento também podem estar envolvidas no outro.

O século XX testemunhou o avanço do conhecimento de como o cérebro lida com as emoções. Um conjunto de estruturas e circuitos situados na parte interna dos hemisférios cerebrais chamou a atenção de diversos pesquisadores por seu envolvimento na coordenação emocional, levando o neurologista Paul MacLean a propor o conceito de "sistema límbico", considerando-as um conjunto funcional. Esse conceito prevaleceu durante muito tempo, e o sistema límbico é comumente lembrado quando se fala no controle neural das emoções. No entanto, o avanço do conhecimento deixou claro que não existe um sistema integrado para o processamento das emoções. Diferentes estruturas e circuitos límbicos se fazem ativos nas diversas emoções e cuidam dos múltiplos aspectos da regulação emocional.

Uma estrutura límbica muito importante é a chamada amígdala cerebral. Trata-se de um aglomerado de neurônios no interior do lobo temporal do cérebro, que tem esse nome porque sua forma lembra uma amêndoa – *amygdala,* em latim. A amígdala é rica em conexões com outras áreas cerebrais e recebe informações sobre estímulos que chegam do meio ambiente, bem como do meio interno do organismo. Com isso, ela pode analisar quais informações são importantes do ponto de vista emocional, ou seja, identifica o significado emocional – a "saliência" – de alguns estímulos. Quando isso acontece, ela se encarrega de mobilizar outras regiões cerebrais, desencadeando as respostas periféricas e influenciando o processamento cognitivo, como os pensamentos e a atenção. Porém, é bom deixar claro que a amígdala coordena as respostas periféricas relacionadas com as emoções, mas não é o centro responsável pelos sentimentos emocionais ou pela consciência emocional, já que esses componentes exigem o envolvimento de outras estruturas, como o córtex cerebral.

O neurocientista Joseph LeDoux, estudando os mecanismos neurais do medo, descobriu que existem duas vias que informam o cérebro quando o estímulo tem caráter emocional (Fig. 3.2). Uma delas chega diretamente à amígdala e a outra se dirige ao córtex cerebral, onde a informação pode se tornar consciente. A via direta é mais curta, portanto mais rápida, e pode fazer a amígdala desencadear um conjunto de reações antes mesmo que a via superior, que irá ao córtex, permita que tomemos consciência de quais estímulos são realmente significativos. Assim, podemos saltar de susto ao ver o movimento de uma sombra, para descobrirmos, em seguida, que se trata de um arbusto que se moveu com o vento. A via direta pode garantir a nossa sobrevivência, mas pode também ter efeitos colaterais, como o estresse e a ansiedade. Pela mesma razão, podemos estar tomados por um estado emocional do qual não temos consciência exata, ao mesmo tempo que não sabemos com precisão qual estímulo foi determinante para o seu aparecimento e pelas reações correspondentes.

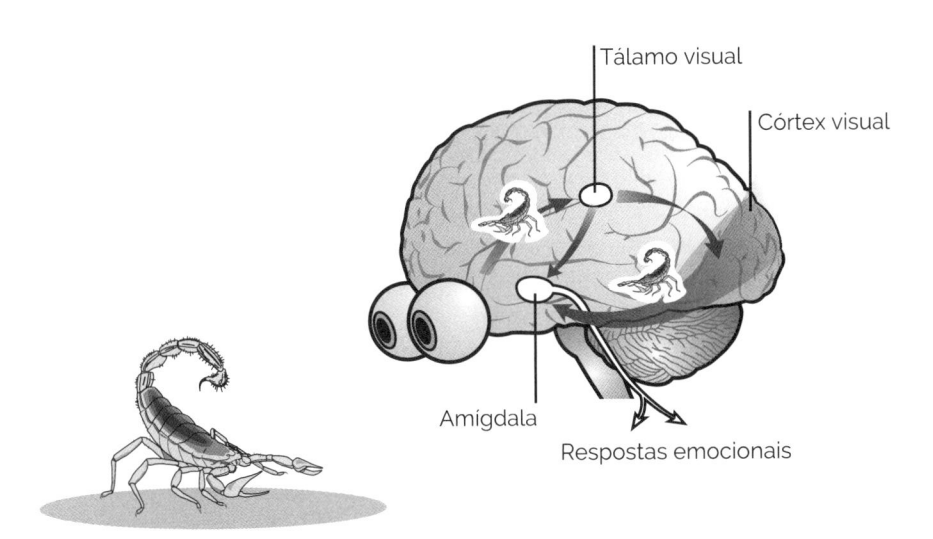

FIGURA 3.2
As vias nervosas relacionadas com o processamento emocional.

Durante algum tempo, pensava-se que a amígdala era ativada apenas nas chamadas emoções negativas, mas estudos recentes demonstram que ela está envolvida também nas emoções positivas, sendo ativada pela presença de estímulos salientes, ou significativos.

Como as emoções alteram a fisiologia do organismo, de modo a prepará-lo para uma situação importante, sendo que a resposta geralmente será uma aproximação ou afastamento, um confronto ou uma fuga, é interessante examinarmos o que ocorre nessas ocasiões, no corpo e especialmente nas vísceras. Pode-se imaginar, por exemplo, uma situação de perigo, em que seja necessário "lutar ou fugir", o que deveria acontecer com alguma frequência para os nossos antepassados longínquos, que viviam imersos na natureza. Nesse caso ocorrem várias modificações fisiológicas importantes: o coração dispara, a pupila dilata, o sangue é desviado da periferia para os músculos e para o cérebro. Essas modificações fisiológicas ocorrem principalmente nas vísceras, que são controladas por um conjunto de gânglios e nervos chamado de sistema nervoso visceral.

Na verdade, todas essas alterações são provocadas pela atuação de uma parte do sistema nervoso visceral denominada sistema nervoso simpático. Quase todas as vísceras recebem uma inervação simpática e, ao mesmo tempo, são inervadas por outra divisão do sistema nervoso visceral, o sistema nervoso parassimpático (Fig. 3.3). Em geral, os efeitos do simpático e do parassimpático são diferentes em cada víscera. Por exemplo, o simpático acelera o coração e o parassimpático o desacelera. O simpático dilata a pupila, contrai os capilares periféricos, faz parar a ação digestiva nos intestinos, enquanto o parassimpático tem ação inversa nesses mesmos locais.

O sistema nervoso simpático entra em ação nas situações de alarme, ou emergência, mobilizando o organismo para atuar naquela circunstância. Ou seja, na maioria das situações emocionais desafiadoras é ele que é recrutado. Já o parassimpático atua quando o organismo está em uma situação de repouso, por exemplo, logo após uma refeição, quando está empenhado em fazer a digestão. Como teremos oportunidade de verificar no Capítulo 5, o parassimpático é importante nas emoções agradáveis, quando ocorre não a resposta de "lutar ou fugir", mas a de "acalmar e interagir".

O simpático atua nas estruturas que inerva liberando um neurotransmissor: a noradrenalina. Na reação de alarme (luta ou fuga), a noradrenalina é liberada de forma localizada em vários órgãos do corpo, preparando-o para responder de maneira adequada. Além disso, o simpático ativa a glândula suprarrenal, que em sua porção interna, ou medular, produz adrenalina, uma substância muito parecida

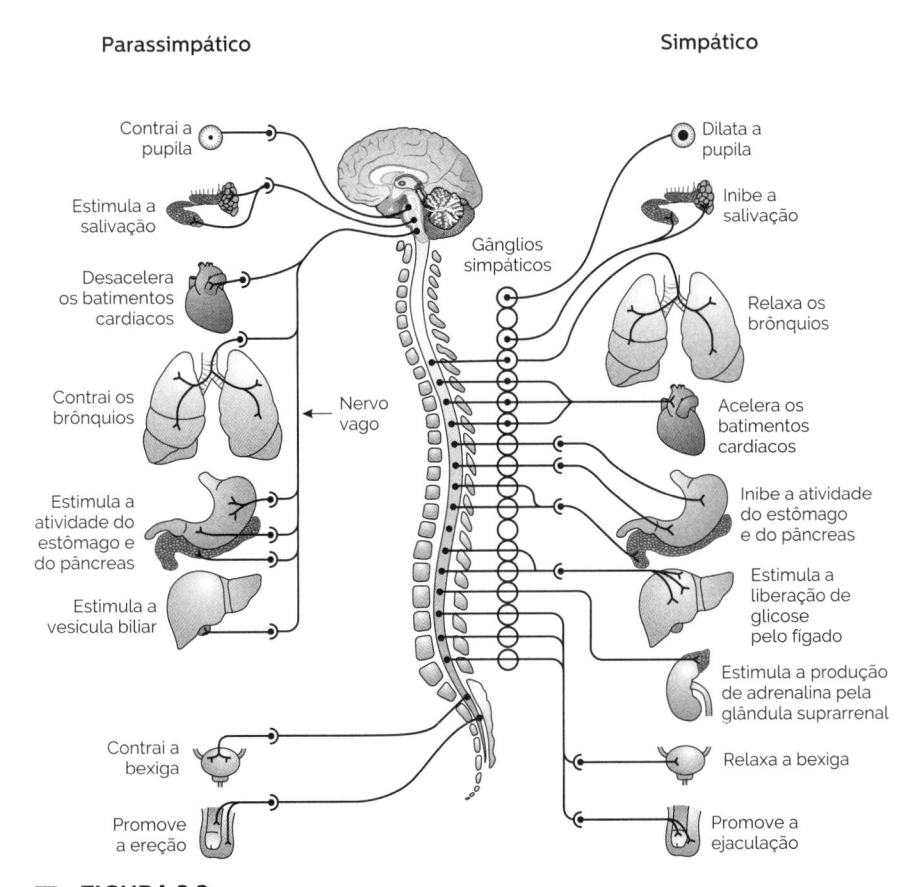

FIGURA 3.3
Efeitos do sistema nervoso simpático e do sistema nervoso parassimpático no organismo.

com a noradrenalina. A adrenalina cai, então, na circulação, potencializando a ação do simpático de forma generalizada. Por isso, quando estamos tomados por uma emoção, costumamos dizer que estamos com a adrenalina "a mil".

A amígdala, responsável pelo desencadeamento dessas reações, também age no hipotálamo, uma pequena estrutura na base do cérebro que, por intermédio da glândula hipófise, controla a secreção de muitos hormônios no organismo. O hipotálamo influencia a glândula suprarrenal que, na sua porção mais externa, ou córtex, secreta vários hormônios que, por isso, são chamados de corticoides. Um deles é o cortisol, importante na "síndrome de emergência", pois prepara o organismo para responder de forma mais eficiente e prolongada.

Podemos observar que as reações descritas são adaptativas quando preparam o organismo para uma situação desafiadora imediata e correspondem ao conceito de "estresse", como definido pelo endocrinologista Hans Selye na primeira metade do século XX. Contudo, essas mesmas reações podem se tornar origem de transtornos, quando se repetem de forma intensa ou prolongada, caracterizando as situações que agora costumamos chamar de estresse. Examinaremos esse fenômeno com mais detalhes no Capítulo 4.

O córtex pré-frontal, relacionado com o raciocínio deliberativo e com o controle da atenção executiva, pode atuar inibindo e regulando a atividade da amígdala. Pode-se dizer que a atividade cognitiva deliberativa – ou a atenção voltada para os processamentos que ocorrem no corpo e no espaço mental – pode influenciar inibindo as estruturas que regulam as respostas emocionais, que costumam ser ativadas de forma automática. Embora as conexões sejam recíprocas, normalmente as projeções que vão da amígdala para o córtex são mais densas do que as que trafegam em sentido contrário. Talvez isso possa explicar como é difícil vencer a ansiedade, um transtorno muito frequente atualmente. É mais fácil as emoções tomarem conta de nossos pensamentos e ações do que controlarmos voluntariamente a ansiedade, e isso é intensificado quando estamos submetidos ao estresse.

O PAPEL DO CORPO NAS EMOÇÕES E NA TOMADA DE DECISÃO

William James, pioneiro da psicologia moderna, achava que as sensações originadas em nosso corpo eram essenciais para que nos sentíssemos emocionados. Para ele, ao nos depararmos, por exemplo, com um urso, não corremos porque sentimos medo, mas sentimos medo porque nos observamos correndo, ao mesmo tempo que sentimos as alterações corporais de nossas ações. Com o avanço do conhecimento sobre o cérebro e as estruturas nervosas que regulam as emoções, essa opinião entrou em descrédito por muitos anos. Porém, como o mundo dá voltas e a ciência é um conjunto de aproximações sucessivas à verdade, estamos agora descobrindo que James não deixava de ter razão. O corpo é o palco das emoções, e as modificações que nele ocorrem são fundamentais para que tomemos consciência delas, o que influenciará de forma determinante a tomada de decisão.

Existem no sistema nervoso receptores e vias sensoriais que conduzem ao cérebro tanto as informações do mundo externo, que chamamos de exteroceptivas, quanto aquelas originadas no interior do corpo, denominadas interoceptivas, ou interocepção. Essas informações são recebidas e processadas em diferentes regiões do cérebro, principalmente no córtex cerebral, onde podem se tornar conscientes.

Já vimos que informações com valor emocional são dirigidas à amígdala, que pode identificá-las e desencadear as reações correspondentes, que se manifestam em todo o corpo. Essas alterações corporais, principalmente viscerais, dão origem a sensações interoceptivas que, uma vez conduzidas ao cérebro, são processadas sob a forma de sentimentos emocionais, informando ao indivíduo que uma emoção está se manifestando naquele momento (Fig. 3.4). Em outras palavras: informações de natureza emocional são levadas ao cérebro, o qual produzirá reações corporais e estas, por sua vez, serão percebidas conscientemente pelo cérebro. É interessante notar que o principal nervo responsável pela sensibilidade no interior do corpo é o nervo vago, um nervo craniano que tem relações com o sistema nervoso parassimpático.

O neurologista português radicado nos Estados Unidos, Antonio Damasio, sugere que essa alça nervosa que retorna ao cérebro com informações corporais é extremamente importante, constituindo o que ele chama de "marcador somático". Segundo Damasio e colaboradores, esse marcador determina como percebemos as emoções e permite que as decisões necessárias sejam tomadas de forma rápida e automática. Esses marcadores conteriam um resumo das experiências já vivenciadas anteriormente em situações semelhantes, e essa síntese, percebida como um sentimento, permite uma resposta ou decisão rápida (pré-consciente) na presença de um evento significativo.

Damasio sugere que os sentimentos são experiências mentais de estados corporais e que percebemos as emoções por meio dos sentimentos que elas desencadeiam: trata-se da experiência mental que as acompanha. Para garantir a sobrevivência, o cérebro está permanentemente informado do que ocorre no corpo, ao mesmo tempo que monitora o ambiente em relação aos aspectos que podem afetá-lo. Assim, o cérebro elabora as respostas pertinentes à situação e dá origem aos processos mentais que, tornando-se conscientes, costumamos chamar de "mente". Na verdade, não podemos falar em um corpo e uma mente como entidades separadas, pois os processos mentais estão, literalmente "corporificados".

Damasio e colaboradores têm demonstrado que lesões localizadas no córtex pré-frontal fazem os pacientes continuarem avaliando cognitivamente o que acontece ao seu redor, mas os tornam incapazes de decidir quais condutas são mais adequadas para cada situação. Esses pacientes "sabem, mas não sentem", e essa perda do processamento emocional leva a um déficit na tomada da decisão adequada, mostrando que cognição e emoção estão intimamente ligadas no funcionamento cerebral.

Muitas regiões do cérebro processam as informações que vêm do corpo e que sinalizam a presença das emoções, mas uma área particularmente importante é a ínsula, uma porção do córtex cerebral situada profundamente e, portanto, não visualizada na superfície dos hemisférios cerebrais (Fig. 3.4). A ínsula é responsável pela inte-

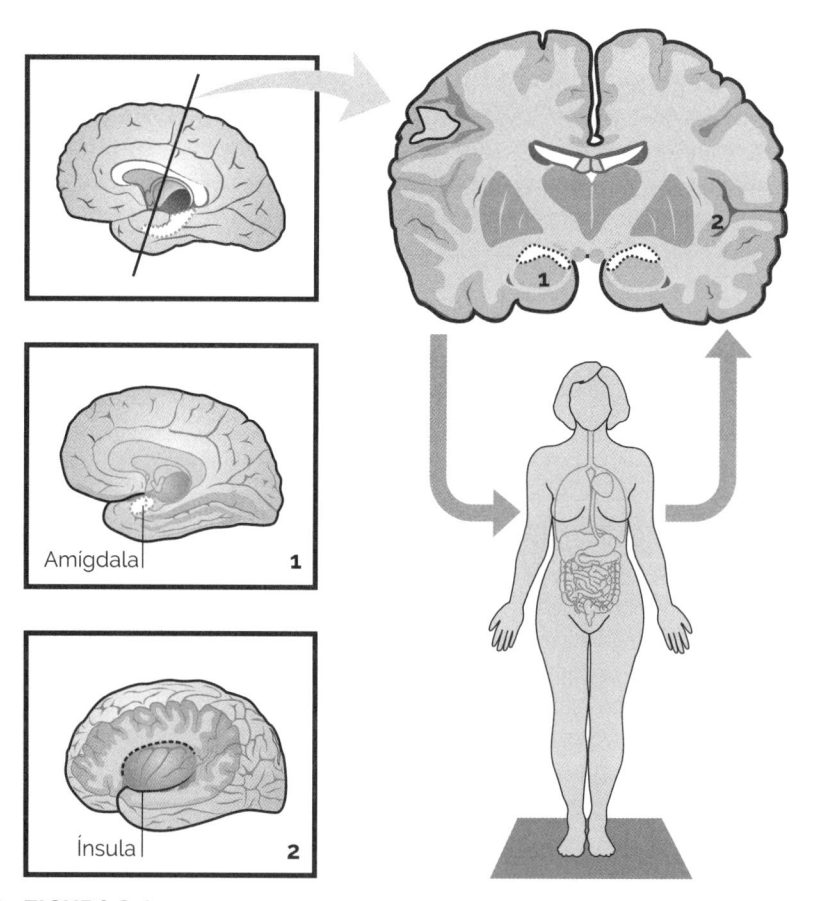

FIGURA 3.4
A alça corporal pela qual passam as informações relacionadas com as emoções. Duas estruturas cerebrais são particularmente importantes: a amígdala (1) e a ínsula (2).

rocepção consciente – a consciência que temos de diversas percepções corporais –, frequentemente com valor hedônico, ou seja, consideradas agradáveis ou desagradáveis. É bom lembrar aqui que os sentimentos emocionais têm uma valência; eles são percebidos como bons, maus ou algo intermediário, mas nunca como indiferentes.

A interocepção consciente, a capacidade de perceber e avaliar as sensações sutis geradas pelo corpo, é variável entre as pessoas, mas pode ser intensificada por meio de intervenções voluntárias, como ocorre com as práticas contemplativas. Isso é importante, não só porque possibilita o aumento da autorregulação emocional, mas porque impulsiona a percepção das emoções das outras pessoas, o que parece ser a base da empatia e da compaixão. Lesões localizadas na ínsula podem comprometer essas capacidades.

Desse modo, podemos afirmar que as emoções são estados afetivos desencadeados por estímulos externos ou internos. Esses estados afetivos se manifestam em nosso corpo e tomam conta de nosso espaço mental. São um exemplo marcante de como a separação entre mente e corpo é uma concepção artificial, difícil de ser justificada. As emoções têm enorme importância no cotidiano, pois são essenciais, rotineiramente, para os julgamentos e as decisões. Elas não são, intrinsecamente, boas ou más, mas são muito úteis, uma vez que permitem identificar a importância de determinada situação.

É preciso notar que as emoções (e os pensamentos, ou a cognição) são atividades mentais, decorrentes do funcionamento cerebral. Elas são processos, e não entidades que existem em qualquer outro sentido. Portanto, podemos desenvolver a habilidade de observá-las de forma mais neutra, deixando de nos identificar com elas de maneira automática.

REGULAÇÃO EMOCIONAL

A regulação emocional pode ser definida como o processo pelo qual as pessoas procuram desenvolver a habilidade de interferir em: a) quais emoções elas sentem e em quais ocasiões são sentidas; e b) como elas experimentam e expressam as suas emoções. O objetivo é, em geral, diminuir ou interromper as experiências emocionais negativas e iniciar ou impulsionar as emoções positivas.

Quando somos tomados por uma emoção, geralmente ignoramos outros pensamentos e ações alternativos. Existe mesmo um período refratário que distorce nossas percepções e sequestra nossa tomada de decisão. O resultado é que, nessas ocasiões, nem sempre agimos da melhor forma, nem nos comportamos de maneira a atingir nossos melhores objetivos: nós simplesmente reagimos.

A regulação emocional – habilidade para mudar voluntariamente a experiência emocional e sua expressão – é um recurso importante nas interações sociais e com frequência requer esforço. Aprender a regular as emoções é um atributo desejável, pois evita sofrimento e contrariedades para nós mesmos e pode impulsionar nossa saúde física e nossa sensação de bem-estar, além de fomentar de maneira favorável as inter-relações sociais. Além disso, desequilíbrio emocional é peça-chave em muitos transtornos mentais e equilibrá-las convenientemente é o objetivo de muitos processos psicoterápicos.

O processo de regulação emocional pode ser dirigido a diminuir, a aumentar ou a manter a estabilidade de uma emoção. As pessoas podem ajustar tanto as emoções positivas quanto as negativas, atenuando-as ou impulsionando-as (Fig. 3.5).

O psicólogo James Gross desenvolveu um modelo que tem sido muito utilizado para explicar as estratégias de regulação emocional. Esse modelo propõe a existência de quatro estágios sequenciais que ocorreriam no processamento das emoções: a situação emocional, a atenção que é mobilizada, a avaliação (*appraisal*) que se dá a ela e,

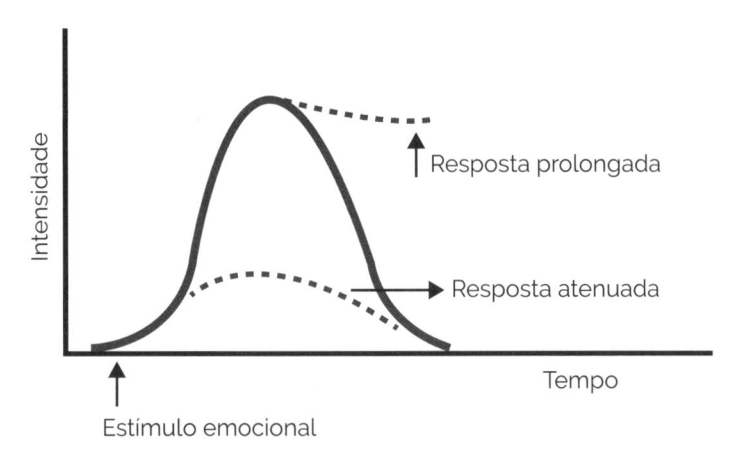

FIGURA 3.5
A regulação emocional pode atenuar ou prolongar uma experiência emocional.

finalmente, a resposta emocional (Fig. 3.6). Segundo Gross, as emoções poderiam ser reguladas por diferentes estratégias em cada um desses estágios.

De acordo com essa abordagem, a regulação da emoção pode ocorrer antes de a resposta ter sido formada e, nesse caso, ela seria focada nos antecedentes, ou seja, nos estágios da situação, da atenção ou da avaliação. Poderia também ocorrer no estágio final, quando seria focada na resposta.

Vamos imaginar, a título de exemplo, que uma pessoa identifique como uma situação geradora de estresse as reuniões do seu grupo no trabalho, porque seu chefe se comporta de maneira agressiva e intimidadora. A emoção negativa dessas ocasiões poderia ser regulada por diferentes estratégias:

A | **Seleção da situação:** ocorre quando se escolhe previamente as situações que são confortáveis, ou se evita aquelas que são difíceis de lidar. No exemplo em questão, a estratégia poderia ser evitar comparecer às reuniões.

B | **Modificação da situação:** quando se modifica de alguma forma a situação, a fim de diminuir seu impacto emocional. A pessoa poderia ausentar-se depois de alguns minutos de iniciada a reunião, alegando um chamado urgente.

C | **Regulação da atenção:** utiliza-se a atenção, mais comumente, desviando-a da situação emocional. Em nosso exemplo, o que acontece na reunião seria ignorado, talvez por meio de devaneio ou por tarefas concomitantes.

D | **Mudança na avaliação:** trata-se de uma mudança cognitiva, que ocorre quando se procura mudar a maneira pela qual uma situação emocional é percebida (*reappraisal*). Altera-se o enquadramento de determinado evento, visando à

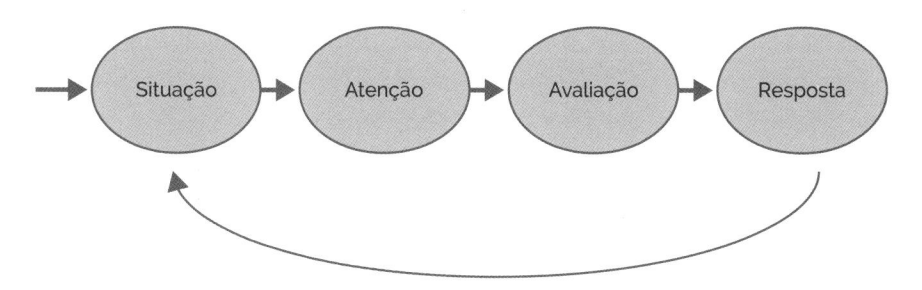

FIGURA 3.6
O modelo sequencial da regulação emocional proposto por James Gross (2015).

mudança do seu processamento emocional. Nesse exemplo, a pessoa poderia passar a considerar que as reuniões duram pouco tempo e ocorrem em intervalos distantes, portanto, não deveriam ser tão desagradáveis a ponto de não poderem ser toleradas.

E | Além dessas estratégias, focadas nos antecedentes, resta ainda a **estratégia focada na resposta**, que seria simplesmente procurar não demonstrar as emoções geradas pelo comportamento inadequado do chefe durante as reuniões.

As pesquisas têm demonstrado que a regulação emocional é mais efetiva quando é aplicada nos estágios mais precoces do processo. No entanto, a inibição da resposta é a estratégia utilizada com mais frequência pelas pessoas. Tentar suprimir uma emoção simplesmente inibindo ou escondendo a resposta não funciona de maneira adequada, pois os processos neurais e as modificações fisiológicas já terão se instalado, acompanhados de suas consequências danosas.

Entre as estratégias para regulação emocional nos estágios mais precoces, a mais estudada e utilizada em processos terapêuticos tem sido a intervenção na avaliação (*appraisal*), empregada rotineiramente, por exemplo, na terapia cognitivo-comportamental. Sabemos que a maneira como interpretamos os estímulos emocionais é um fator importante para a forma como reagiremos a eles, e isso pode fazer nosso comportamento e nossos sentimentos serem diferentes em várias ocasiões. No exemplo do encontro com um urso, que mencionamos anteriormente, se sabemos que o urso é domesticado ou está preso, teremos outra avaliação e, em consequência, uma situação muito diferente da que ocorre quando encontramos um urso selvagem na natureza.

O *appraisal* é particularmente importante porque, embora muitas vezes ele seja consciente, também podemos atribuir significados a estímulos que nos chegam de forma inconsciente. Em geral, a avaliação é feita de forma automática e habitual, ocorrendo antes da elaboração da resposta. É bom lembrar que, geralmente, criamos uma narrativa para explicar sentimentos ou comportamentos que foram originados no processamento inconsciente do cérebro. Como vimos no Capítulo 2, a maior parte dos processamentos cognitivos é, na verdade, inconsciente, e o "piloto automático" não nos deixa perceber que outras percepções e interpretações são possíveis.

A mudança da avaliação, por sua utilização frequente, tem sido estudada com técnicas de neuroimagem e por isso sabemos que ela modifica efetivamente a atividade do córtex pré-frontal e do cíngulo anterior, que podem inibir, por sua vez, as estruturas límbicas, como a amígdala e a ínsula.

Outra estratégia de regulação emocional é a contrarregulação. Nesse caso, as pessoas procuram desviar sua atenção para estados emocionais opostos em valência ao estado emocional que está sendo ativado no momento. Dessa forma, um estado emocional negativo pode ser alterado pela geração de uma emoção positiva, ou vice-versa. Voltaremos a tratar disso no Capítulo 5.

REGULAÇÃO EMOCIONAL E MEDITAÇÃO

A prática da meditação, assim como outras práticas contemplativas, particularmente a atenção plena, ou *mindfulness*, parece ser bastante efetiva na promoção da autorregulação emocional, em especial quando se trata de emoções negativas, mas ela também pode ser utilizada, como veremos, na indução de estados emocionais positivos.

Recordemos que a essência de *mindfulness* é prestar atenção ao que acontece no momento presente, com gentileza e abertura. Isso permite que a experiência seja explorada de modo não reativo, mudando a relação dos indivíduos com seus processos mentais: é possível perceber que os pensamentos, sentimentos e experiências emocionais são processos que ocorrem no corpo e no espaço mental, mas que não precisamos nos identificar de forma automática com eles. Com a ajuda da meditação, as pessoas aprendem a escolher com quais pensamentos, emoções ou sentimentos elas irão se reconhecer, inibindo respostas impulsivas decorrentes do funcionamento do "piloto automático".

Com *mindfulness*, presta-se atenção com aceitação, em vez de desejar um afastamento imediato de uma experiência emocional aversiva. Se levamos em conta o modelo de regulação emocional proposto por Gross, podemos dizer que o estágio da atenção é privilegiado, evitando-se passar de forma automática para o estágio da avaliação ou da resposta. A regulação promovida pela meditação (*mindfulness*) opera primariamente por meio da maneira pela qual se presta atenção, deixando de dirigi-la aos estímulos que desencadearam a situação e direcionando o foco atencional para o que acontece com os sentimentos e as sensações corporais naquele momento. A consciência do momento presente deve privilegiar a percepção da consciência corporal (interocepção). A isso se junta a atitude de aceitação em relação à experiência vivida, mesmo que ela seja desagradável. Dessa forma, o desencadeamento das reações habituais automáticas pode ser inibido e a atenção nos aspectos sensoriais existentes permite que uma nova avaliação (*appraisal*) do estado emocional seja gerada, levando ao aparecimento de novas respostas, mais adaptativas. Em vez de simplesmente reagir, é possível agora apresentar uma resposta mais elaborada e adequada à situação.

Um aspecto importante da regulação emocional com *mindfulness* é que ela permite quebrar a cadeia da ruminação, os pensamentos que geralmente prolongam e intensificam uma determinada situação emocional. A emoção não é vista como um problema que precisa ser solucionado imediatamente. Para isso, é importante manter a atenção nas sensações presentes no momento, em vez de gerar pensamentos que podem ser nocivos. A prática de desengajar-se sistematicamente de pensamentos e da história que ali se desenrola cultiva uma flexibilidade atencional, muito útil na regulação das emoções. O meditador desenvolve a habilidade de controlar sua atenção de maneira efetiva, escapando da ruminação e dos comportamentos automáticos. Com a repetição da prática, isso tende a se tornar um hábito que irá ocorrer, ao final, de forma implícita e não consciente.

Outro aspecto importante da regulação emocional com a atenção plena é que o indivíduo aprende a perceber que as emoções são estados transitórios, que tendem a desaparecer quando não são intensificados ou prolongados pelos pensamentos, ou pela cognição. Essa percepção contribui para a diminuição ou eliminação do estresse.

É importante lembrar que a prática da meditação estimula a neuroplasticidade cerebral. Existem pesquisas que indicam aumento da atividade pré-frontal, ao mesmo tempo que ocorre diminuição da atividade da amígdala dos meditadores. Essas alterações na estrutura e no funcionamento do cérebro são a marca de um processo de aprendizagem. Como tal, ele se intensifica com a repetição, ou seja, a atenção plena é uma habilidade a ser desenvolvida, que requer disciplina e prática reiterada. Cultivar a regulação emocional por meio da meditação promove uma nova maneira de vivenciar as emoções. Na verdade, esse procedimento envolve processos conscientes e não conscientes. De um lado, há um esforço intencional consciente para mudar a maneira como o indivíduo se relaciona com as situações emocionais; de outro, ocorrem transformações no funcionamento neural que levam a uma mudança que é não consciente.

A consciência da interocepção, sob a forma de sentimentos emocionais, parece ser um componente essencial da regulação emocional operada com *mindfulness*. Essa consciência corporal, acompanhada por uma atitude de aceitação, promove aumento da sensação subjetiva de bem-estar psicológico. A expansão da interocepção consciente, que costuma ser operada por *mindfulness* e outros tipos de atividade contemplativa, provavelmente decorre de modificações estruturais induzidas pela meditação em algumas estruturas nervosas, como a ínsula.

As pessoas variam muito em sua capacidade de consciência corporal, e aquelas que conseguem perceber melhor o próprio corpo tendem a ter experiências emocionais mais intensas. Com frequência, tendemos a negligenciar o que o corpo tem a nos dizer e, por isso, não captamos as mensagens que ele pode comunicar. Aprender a perceber os sinais sutis que têm origem no corpo por meio do treinamento contemplativo influencia significativamente a habilidade de compreender e de regular as próprias emoções.

Diferentes práticas meditativas podem contribuir para o aumento da consciência corporal, melhorando a percepção subjetiva do funcionamento integrado entre mente e corpo, com diminuição do estresse e maior equilíbrio emocional. A atenção focada, o monitoramento aberto e a prática da varredura ou rastreio corporal (*body scan*) podem ser utilizadas. A varredura corporal,* uma prática de atenção a diversas partes do corpo, é útil para desenvolver a consciência corporal e também ajuda na percepção da transitoriedade das sensações, inclusive dos sentimentos emocionais.

Práticas de meditação recomendadas (ver Apêndice):

4 Exploração do corpo – varredura corporal (*body scan*)
10 Três minutos de espaço para respirar

---

* O *body scan* é muito útil para promover aumento da capacidade interoceptiva, além de ser uma prática relaxante, chegando a provocar o sono. Ainda assim, algumas pessoas não se sentem confortáveis com essa prática e relatam a presença de ansiedade.

RESUMINDO

As emoções são fenômenos que ocorrem regularmente em nossas vidas e são fundamentais para a nossa sobrevivência. Podemos percebê-las no corpo e na consciência todas as vezes em que estamos diante de algo importante, significativo para nós. Elas nos indicam: "isso é bom para mim" ou "isso é ruim para mim". Tendemos a querer nos aproximar rapidamente do que é "bom para mim" e nos afastar imediatamente do que é "ruim para mim". As emoções nos mobilizam e nos compelem à ação de forma automática. Quando percebemos, já reagimos – sem pensar – aos estímulos emocionais.

Em nossa cultura, geralmente a emoção é vista como um contraponto à razão. E como nos consideramos seres racionais, a emoção é tida como algo a ser evitado, pois ela desorganiza o comportamento. Contudo, as emoções indicam que algo importante está ocorrendo e que nós precisamos fazer algo a respeito. Sem levar em conta as emoções, não podemos tomar decisões de maneira adequada. Razão e emoção são igualmente importantes no cotidiano e sabemos que, no cérebro, elas são processadas em circuitos que colaboram entre si. As emoções não são boas nem más, o que pode ser bom ou ruim é o que fazemos na presença delas.

As emoções têm sido muito pesquisadas e classificadas. No século XX, falava-se muito em seis emoções básicas: raiva, medo, tristeza, surpresa, repugnância (nojo) e alegria. Algumas delas podem causar problemas e costumam ser desagradáveis, como a raiva ou o medo, e, por isso, são chamadas de emoções negativas. Já a alegria é uma emoção positiva, pois estamos bem quando estamos alegres. Contudo, é bom lembrar que o medo nos protege de perigos e a raiva pode ser importante para que nos mobilizemos para mudar algo que nos incomoda, como a injustiça, por exemplo. Então, não existem emoções boas ou más; todas são importantes para a nossa existência, pois estamos sujeitos a elas e, para viver melhor, devemos aprender a lidar com elas.

As emoções são compostas por diferentes aspectos aos quais devemos prestar atenção: mudança na expressão facial, suor nas mãos, pupilas dilatadas, sensação de alerta, lacrimejamento, etc. Essas mudanças promovem sensações corporais como "um frio no estômago", "um aperto no peito" ou "um nó na garganta", por exemplo. Por sua vez, essas sensações provocam sentimentos emocionais como irritação, euforia e desânimo. Muitas vezes, mas nem sempre, temos consciência emocional e conseguimos identificar as emoções.

O cérebro tem estruturas e circuitos para lidar com as emoções. Uma estrutura muito importante é a amígdala, localizada no lobo temporal. Ela recebe informações dos órgãos sensoriais e, se esses estímulos têm uma importância emocional, a amígdala comanda uma série de respostas fisiológicas como as já mencionadas. É interessante que os estímulos emocionais chegam à amígdala de forma direta e podem provocar reações antes mesmo de a informação chegar ao córtex cerebral, quando nos tornamos conscientes do que está ocorrendo. Reagimos automaticamente antes de haver tempo para pensar conscientemente. Por isso, também, podemos não ter consciência de uma emoção que está presente. O córtex pré-frontal, responsável pelas decisões conscientes, pode inibir a amígdala, mas em geral recebe as informações emocionais um pouco mais tarde do que ela. Por isso, é importante prestar atenção no estado emocional, pois só assim é possível obter um equilíbrio nas emoções.

As emoções provocam respostas principalmente no interior do corpo, nas vísceras. O sistema nervoso tem duas divisões diferentes para o controle visceral: o sistema nervoso simpático e o sistema nervoso parassimpático. O simpático mobiliza-se quando estamos diante de uma situação desafiadora, por exemplo, um momento de perigo – acelera o coração, dilata a pupila, faz o sangue se dirigir para o coração, para os músculos e para o cérebro e prepara o corpo para se defender. Trata-se da "síndrome de emergência", a reação de "lutar ou fugir". Já o parassimpático tem ações geralmente opostas: desacelera o coração, promove a digestão dos alimentos e deixa o sangue na periferia e nos intestinos. Atua quando o ambiente é amigável e promove a reação de "digerir e descansar", ou "acalmar e interagir".

O sistema nervoso simpático atua nas situações de estresse e influencia a glândula suprarrenal, liberando adrenalina e cortisol. Nesses momentos, essa atuação adaptativa é importante, porém, se essas situações se tornam crônicas, há estresse negativo, que traz muitos problemas.

As respostas periféricas desencadeadas nas situações emocionais são percebidas e transportadas de volta ao cérebro por nervos sensoriais, em especial pelo nervo vago. Essas informações passam a ser processadas por centros nervosos, entre os quais uma estrutura se destaca: a ínsula. Trata-se de uma região cortical até pouco tempo desconhecida quanto à função. Agora sabemos que ela é responsável pela interocepção consciente – as sensações que temos do interior do corpo. Os sentimentos emocionais são processados na ínsula e são importantes para que saibamos que uma emoção está presente e para a interpretação que daremos a ela. O corpo é o palco das emoções, e prestar atenção no que ocorre nele nos ajuda a regulá-las. É importante, portanto, desenvolver uma consciência corporal mais acurada.

Além disso, é interessante lembrar que a ínsula é importante para que saibamos interpretar as emoções dos outros. Lesões nessa estrutura podem comprometer a capacidade de empatia. Portanto, desenvolver a competência de perceber as próprias emoções nos ajuda, também, a interagir socialmente de forma mais adequada, pois estaremos mais sintonizados com as emoções alheias.

A meditação altera a estrutura e os circuitos cerebrais que controlam as emoções. Há aumento da espessura do córtex pré-frontal e da ínsula, e diminuição da amígdala cerebral, que se torna menos excitável. Ao meditar, diminuímos nossa reatividade emocional.

A meditação (*mindfulness*) pode nos ajudar a regular as emoções: prestando atenção ao que acontece no corpo e no espaço mental, podemos perceber uma emoção quando ela começa a se instalar. Assim, descobrimos que as emoções são processos que ocorrem no corpo e na mente, mas que não precisamos nos identificar com eles: não somos as nossas emoções, elas ocorrem em nós.

Como já tínhamos descoberto em relação aos pensamentos, com a atenção plena percebemos que as emoções são fenômenos transitórios – elas aparecem e se vão –, desaparecem em pouco tempo se não as prolongamos com nossos pensamentos. Podemos simplesmente observá-las, não nos identificarmos e deixá-las passar. Com *mindfulness*, é possível responder a uma emoção em vez de simplesmente reagir quando elas acontecem.

4 AS EMOÇÕES NEGATIVAS, A DOR E O ESTRESSE

EMOÇÕES NEGATIVAS

Para alcançar o equilíbrio emocional, é importante saber reconhecer as emoções que sentimos, de modo que uma regulação efetiva possa ser implementada. Muitas pessoas não conseguem perceber quando estão tomadas por uma emoção ou se confundem ao tentar identificar qual delas está presente. Por isso, é proveitoso desenvolver o que podemos chamar de literacia emocional, que nos permita lidar de maneira eficaz com as emoções no cotidiano. Com isso em mente, abordaremos a seguir algumas emoções, muitas vezes consideradas negativas, e apresentaremos alguns instrumentos para sua regulação.

RAIVA

A raiva é uma emoção muito frequente, que serve, principalmente, para remover algo que identificamos como um obstáculo – ela nos mobiliza para mudar qualquer coisa de que não gostamos, que nos prejudica ou que impede que atendamos a nossas necessidades. Pode se apresentar em diferentes gradações, desde uma leve contrariedade ou irritação, até um ódio intenso, responsável por um sentimento de vingança com poder de provocar o reaparecimento da emoção muito tempo depois de sua causa originária.

Trata-se de uma emoção perigosa, porque nos impulsiona a remover ou a atacar a causa do obstáculo percebido, o que pode, frequentemente, gerar problemas nas interações sociais. Além disso, essa emoção provoca reações semelhantes nos outros indivíduos e tende, portanto, a uma escalada ou expansão. Muitas vezes, a raiva é deslocada para outras pessoas, ou mesmo para outras coisas, quando não podemos descarregá-la em seu agente original. Charles Chaplin mostrou isso magistralmente em uma sequência do filme *Tempos Modernos*, em que o operário maltratado pelo patrão desanca um cachorro que nada tinha a ver com o problema inicial.

Como toda emoção, a raiva é parte de nossa herança biológica e é útil quando nos alerta que algo está errado e que necessita de intervenção. Ela pode ser desencadeada quando percebemos algo como injusto, e a energia por ela liberada será importante para iniciar um comportamento visando superar o problema. Portanto, pode haver uma raiva construtiva, mas é importante que ela seja dirigida, sempre que possível, ao ato de injustiça e não ao seu perpetrador. Isso, naturalmente, não é fácil e exige esforço e habilidade de autorregulação.

Demonstrar e extravasar a raiva é algo problemático, tanto por suas consequências quanto porque pode-se criar um hábito de agir de forma agressiva. Não existem evidências que confirmem a crença de que uma explosão raivosa nos deixe mais calmos. No entanto, simplesmente inibir a resposta não é a melhor estratégia, pois todas as mudanças fisiológicas desencadeadas por esse estado emocional terão sido despertadas, o que não é saudável. Além disso, a raiva pode provocar o aparecimento de outras emoções, como culpa, vergonha ou frustração. Por tudo isso, é importante e útil desenvolver estratégias para regulá-la. As pessoas variam na forma como experimentam suas emoções, o que se aplica, naturalmente, à raiva. A intensidade, a duração e a velocidade de instalação podem diferir em seus matizes, requerendo, para diferentes pessoas, diferentes táticas para sua regulação.

No capítulo anterior, mencionamos a estratégia geral para regular as emoções com *mindfulness*, ou atenção plena, quando vimos que a forma como dirigimos a atenção a um estado emocional é fundamental. Quanto mais cedo percebemos que uma emoção está se manifestando ou irá se manifestar, mais chance teremos de regulá--la com eficiência. Além disso, é importante uma atitude de aceitação em relação à emoção que se manifesta, reconhecendo que não se trata de algo anormal, mas que as emoções, inclusive a raiva, não são boas nem más em si mesmas. Em seguida, é importante dirigir a atenção aos fenômenos que têm lugar no corpo. Isso ajuda a nos familiarizarmos com a maneira como a raiva se manifesta e desvia o foco da atenção para longe de outros pensamentos que poderiam intensificar ou prolongar a emoção. Por fim, devemos assumir uma postura de observadores, reconhecendo que a raiva é um processo que está em andamento e que não precisamos nos identificar necessariamente com ela, nem agir de maneira impulsiva: podemos aprender a constatar que "existe uma raiva em mim, mas eu não sou a raiva que aqui está".

A estratégia que acabamos de descrever é, na verdade, uma fórmula geral que pode ser utilizada de modo intencional quando percebemos a presença de qualquer emoção, principalmente aquelas que são desagradáveis ou negativas. Em relação à raiva, sabemos que, muitas vezes, é difícil ficar imóvel quando ela se instala. Por isso, nessas situações, a caminhada meditativa pode ser uma estratégia eficiente (ver Apêndice, Prática 5).

MEDO E ANSIEDADE

O medo existe para nos proteger – é a forma como o corpo e a mente lidam com ameaças, preparando-se para enfrentá-las. Ele nos compele a prestar atenção às possíveis fontes de injúria ou dano e a tomar as providências necessárias para evitá-las ou removê-las. É claro que responder adequadamente a ameaças é fundamental para nossa sobrevivência e em muitas situações temos que reagir a essa emoção com uma fuga ou outra conduta imediata que nos garanta proteção.

O medo tem gradações, que vão da inquietude ou preocupação, chegando ao pânico e ao terror. Ele pode ser provocado por perigos que todos identificam como tais, mas também pode ser ativado por ameaças muito particulares, pois podemos aprender a ter medo de qualquer coisa. O tema comum é a possibilidade de ocorrer danos, sejam físicos, sejam psicológicos. Ameaças geradas internamente, como pensamentos e emoções, também são capazes de desencadear medo e podem ser mais aterradoras do que as ameaças externas. De qualquer forma, as reações fisiológicas e psicológicas são as mesmas.

Ao longo da história evolutiva, o medo foi provocado por perigos reais, como a presença de um predador, ou por desastres naturais. No mundo moderno, contudo, o medo é mais comumente motivado por ameaças psicológicas. Por exemplo, medo de ser inadequado ou não conseguir atingir os objetivos, medo de perder o emprego ou de problemas financeiros, medo de ser ignorado socialmente ou mesmo de "ficar por fora" nas redes sociais virtuais. É sempre bom enfatizar que nossos pensamentos – a nossa imaginação – costumam facilmente desencadear essa emoção.

A maneira como nos relacionamos com o medo faz toda a diferença. Para lidar com essa emoção, é preciso ter coragem para se aproximar dela (aceitar, observar, investigar) em vez de fugir automaticamente dos sentimentos e do fator desencadeante, que é a tendência habitual. É importante lembrar que o medo pode nos paralisar, o que é uma resposta comum encontrada em alguns animais.

Um aprendizado importante é perceber que se trata de um estado transitório – que tende a passar – e não se identificar com essa emoção, que é apenas um processo que está ocorrendo em nosso corpo e nossa mente, os quais estão programados para responder dessa forma em situações que são percebidas como ameaçadoras. Mais uma vez, é bom dirigir a atenção para as sensações corporais e deixar de lado a história que tendemos a nos contar, com pensamentos que irão intensificar a experiência do medo.

Além disso, é importante conhecer a diferença entre medo e ansiedade, um fenômeno bastante comum atualmente. No caso do medo, a ameaça é identificável e real, é uma resposta que ocorre frente a um estímulo ameaçador e tende a desaparecer na ausência dele. Já a ansiedade dispensa a presença do estímulo alarmante, ocorrendo por antecipação a um perigo que nem sempre é real. A ansiedade continua mesmo na ausência de um perigo – ela prolonga e intensifica o estresse, com as consequências danosas causadas por ele.

Os transtornos de ansiedade (generalizada, fobias, transtorno de pânico, estresse pós-traumático, por exemplo) são um traço marcante da sociedade contemporânea e constituem diagnósticos frequentes nos consultórios dos profissionais da saúde mental. A ansiedade é um fenômeno de estresse e com frequência vem acompanhado por sintomas físicos, como falta de ar, palpitações, tonturas ou dores de cabeça.

A ansiedade pode ter componentes inatos ou genéticos, mas, com mais frequência, ela é aprendida. E essa aprendizagem em geral não envolve a consciência, pois se trata de uma aprendizagem implícita – o condicionamento clássico, ou pavloviano – em que um estímulo que anteriormente não provocava uma resposta se associa com outro que tem esse poder. Como essa associação costuma ser feita sem envolver os processos conscientes, os indivíduos ansiosos podem, muitas vezes, não identificar a causa desencadeante de sua ansiedade. Porém o corpo responde de forma generalizada, mesmo que a pessoa não tenha consciência do porquê isso está ocorrendo.

Da mesma forma que no medo, a amígdala é o principal centro nervoso relacionado com a ansiedade e é responsável pelo aprendizado envolvido no seu processamento. Seus neurônios se tornam mais ativos pela resposta de estresse e respondem de forma a desencadear a ansiedade em face de estímulos semelhantes no futuro. Além disso, as pessoas têm diferentes suscetibilidades à ansiedade e isso pode estar ligado à excitabilidade e às conexões dos neurônios amigdalianos. Como já foi relatado, a amígdala recebe informações de forma direta, antes que elas cheguem ao córtex cerebral e, portanto, todo o processo pode ocorrer sem intervenção dos mecanismos conscientes.

É importante lembrar que todos os animais reagem aos estímulos emocionais presentes em um determinado momento, mas essa resposta é transitória: ela desaparece na ausência do estímulo. A ansiedade é um fenômeno que ocorre na nossa espécie, o que se tornou possível em virtude da capacidade humana de projetar seu pensamento no tempo. O grande desenvolvimento das regiões pré-frontais, que confere aos seres humanos tantas vantagens, tem o efeito colateral de nos brindar com a capacidade de sermos ansiosos.

TRISTEZA

A tristeza é a emoção provocada pela sensação de perda de algo ou de alguém que valorizamos. Ela nos avisa que precisamos de suporte ou apoio. Perdas podem decorrer de doença, ou de envelhecimento, mas também sofremos perdas de amizades, de trabalho, de prestígio ou de admiração. A tristeza é uma emoção mais duradoura e muitas vezes assemelha-se a um estado de humor (*mood*), por sua duração. Nem sempre é fácil identificar o fator desencadeante e algumas vezes pode evoluir para a depressão – mas é importante lembrar que tristeza não é sinônimo de depressão.

Um problema que costuma ocorrer com essa emoção é que as pessoas nem sempre conseguem reconhecer a necessidade de ajuda e de comunicação e preferem se isolar, o que pode aumentar a tristeza. Ela pode ser acompanhada de outras emoções, como raiva, culpa ou medo. Apesar de muito debilitante, a tristeza pode, em contrapartida, nos ajudar a descobrir o que realmente valorizamos.

REPUGNÂNCIA (OU NOJO)

A repugnância, ou nojo, nos indica o que é de "bom gosto" ou não. Pode se referir não só a alimentos, mas também a condutas observadas no entorno, relacionando-se diretamente com a história individual ou cultural de cada um. Tem a ver com crenças e padrões e pode estar ligada ao desprezo – um sentimento de que somos superiores e que nada de aproveitável poderá vir da pessoa ou do grupo desprezado. O desprezo, por sua vez, está ligado à arrogância.

FRUSTRAÇÃO

A frustração deriva da crença de que algo deveria ter acontecido, ou de que algo não deveria ter acontecido. Somos contadores de histórias e geralmente acreditamos naquilo que imaginamos, inclusive nas narrativas de como as coisas deveriam ser. A frustração nos informa que nossas expectativas não correspondem à realidade.

INVEJA

A inveja se trata do desejo de obter algo que outra pessoa tem. Não implica, necessariamente, tomar o que se quer. Tem conotação negativa e com frequência é acompanhada de vergonha ou culpa. No entanto, essa emoção pode nos ajudar a compreender o que desejamos de fato. Mais uma vez, é bom lembrar que as emoções não são boas ou más em si mesmas e o importante é como respondemos a elas.

CULPA

A culpa ocorre quando reconhecemos que desrespeitamos ou transgredimos um valor no qual acreditamos. Ela nos ajuda a identificar esses princípios, que são individuais e que, ao final, são a essência de nossa identidade.

VERGONHA

A vergonha tem origem na consciência de que violamos as regras ou os padrões de nosso grupo social. Em geral leva a um impulso de isolamento. Tem um significado social, pois serve para manter o alinhamento dos indivíduos aos padrões sancionados por uma comunidade.

CIÚME

O ciúme ocorre quando tememos perder algo ou alguém que prezamos muito. Está ligado a um sentimento de posse, que quando se refere a outras pessoas pode ser muito destrutivo, como podemos constatar pela leitura diária das páginas policiais. Todavia, essa emoção pode nos alertar para o fato de que precisamos prestar atenção a um relacionamento que nos é caro e que julgamos estar em perigo.

DOR

A dor não é exatamente uma emoção, mas tem um componente afetivo importante e com frequência se associa a raiva, medo, tristeza ou culpa. Todos abominamos e não suportamos a dor, mas ela existe para nos alertar que estamos em risco, que é preciso estar atento para evitar um dano, seja ele potencial ou já instalado no organismo. Pessoas incapazes de sentir dor, o que ocorre em uma síndrome rara, podem se ferir gravemente sem perceber e em geral não sobrevivem por muito tempo.

A dor pode ser classificada como aguda ou crônica. A dor aguda é sentida quando ocorre um dano ou ferimento no corpo e é importante para que o indivíduo evite um dano maior ao já ocorrido e procure uma maneira de se restabelecer ou se medicar. Ela tende a desaparecer com a recuperação do organismo. A dor crônica persiste por meses (tecnicamente, por pelo menos três meses), mas pode perdurar por décadas. Muitas vezes ela tem início sem que se possa indicar uma causa plausível, ou continua presente mesmo que a causa inicial tenha sido erradicada. Esse tipo de dor vem acompanhado de estresse ou ansiedade, com repercussões físicas que podem ser muito debilitantes.

A dor física, crônica ou recorrente, é mais frequente do que imaginamos. Acredita-se que cerca de 30% da população é vítima de algum tipo de dor crônica. Para a população mais idosa, a incidência sobe para quase 50%. A localização mais frequente é nas costas, seguida de dores cervicais e nas articulações. Saber que a dor afeta muitas pessoas é bastante útil, pois ajuda a superar a impressão de que somente nós somos afetados por ela e que nosso sofrimento é maior do que o dos outros.

É importante saber que as sensações que sentimos são geradas pelo cérebro. Podemos localizar uma sensação dolorosa em uma parte do corpo, mas isso ocorre porque uma região específica do cérebro recebe as informações que têm origem naquele local e a ativação daquelas células nervosas nos faz projetar a sensação para a região em que os receptores sensoriais estão localizados. Em outras palavras, podemos sentir uma "dor na mão", mas isso ocorre porque há uma ativação na porção do córtex cerebral responsável pelas sensações da mão. Uma estimulação direta naquela região cerebral irá gerar uma sensação semelhante, ainda que a mão não receba estímulo algum. Por isso, pode existir a chamada "dor fantasma", quando uma pessoa sente sensações dolorosas em uma parte do corpo que foi amputada. A dor, assim como outras impressões sensoriais, é um fenômeno decorrente de uma atividade cerebral.

A dor tem receptores específicos na pele e nos órgãos internos, os quais se conectam a vias que conduzem a informação dolorosa até estruturas no sistema nervoso central, de forma semelhante ao que ocorre com outras informações sensoriais. Quando essas informações atingem regiões particulares do córtex cerebral, uma sensação dolorosa é percebida. Isso é o que podemos chamar de sistema de discriminação sensorial, que tem por função detectar a presença de um estímulo doloroso.

Porém, no caso da dor, há também um componente afetivo, pois ela provoca uma aflição, o que a torna diferente das demais sensações corporais. Ao que parece, a dor, bem como a sensação de temperatura e de certos aspectos do tato, por participarem do estado homeostático do corpo, adquirem um caráter especial e podem ser consideradas participantes do sistema interoceptivo. Essas informações envolvem outras estruturas cerebrais, como a ínsula e a amígdala, que, como sabemos, estão implicadas no processamento emocional. Além disso, o córtex pré-frontal também recebe as informações relacionadas com a dor, fazendo um terceiro componente ser ativado: o controle cognitivo, ou sistema cognitivo de avaliação.

O componente discriminativo nos informa onde dói e como é a dor. O componente emocional nos informa que algo importante, que é "ruim para nós", está presente e que é preciso fazer algo a respeito. Por fim, o componente cognitivo nos permite contextualizar e avaliar o que está ocorrendo. A intensidade do sofrimento depende muito de como o indivíduo avalia a situação, do que a dor significa para ele. Como são processos diferentes, eles podem, eventualmente, ser separados: podemos perceber uma dor sem que o componente afetivo ou cognitivo seja envolvido (ou pelo menos, que sua ação não seja muito intensa). Costuma-se afirmar que a dor acarreta um sofrimento primário, que é decorrente das sensações dolorosas do componente discriminativo, mas também um sofrimento secundário, que é gerado pelos componentes emocional e cognitivo, que em geral acompanham as sensações dolorosas.

A dor, ou a sensação dolorosa, interage com os processos emocionais e com a cognição – com os pensamentos por ela gerados (Fig. 4.1). Ela pode nos tornar impacientes e mal-humorados, bem como alterar nossa atenção, memória e tomada de decisão. Um estado emocional negativo pode aumentar a dor e um estado positivo pode ter efeito contrário. De forma semelhante, nossos pensamentos podem contribuir para aumentar ou diminuir a dor. Além disso, como sabemos, a cognição e a emoção se influenciam mutuamente, contribuindo para modificar a percepção dolorosa. A dor, no fim das contas, é uma experiência complexa e pessoal, já que os indivíduos percebem de forma diferente os estímulos dolorosos, o que é influenciado por cren-

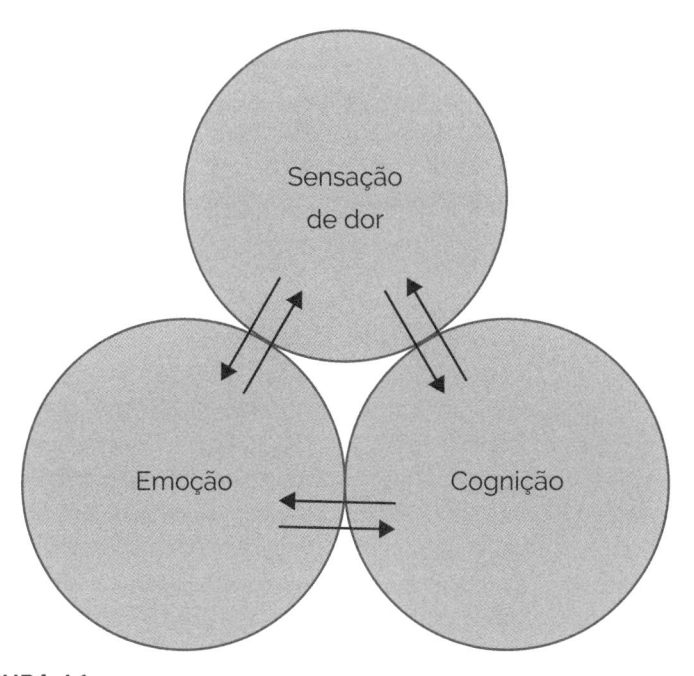

FIGURA 4.1
Os diferentes componentes do processamento da dor.

ças, expectativas, experiências anteriores e também pela cultura do grupo social e familiar ao qual pertencem.

Sabemos que o cérebro pode controlar as informações sensoriais que chegam a ele, e isso se aplica particularmente às sensações dolorosas. Em outras palavras, a dor pode ser aumentada ou diminuída por meio de vias nervosas descendentes – que saem do cérebro e se dirigem para a medula espinal – controladas por estruturas cerebrais. Há relatos de que soldados feridos em batalha muitas vezes não chegam a sentir dor naquele momento. Nós mesmos podemos ter a experiência de não percebermos um ferimento quando estamos muito envolvidos em uma atividade, como em uma disputa esportiva, por exemplo. Nesse caso, o cérebro simplesmente anula a sensação dolorosa porque outra atividade considerada mais importante está em andamento.

Em contrapartida, se o cérebro está em expectativa para a presença de uma dor, ou se está sensibilizado por um processo patológico, sensações mínimas ou mesmo a ausência de sensações podem ser percebidas como dor intensa. Podemos constatar isso em uma visita ao dentista. Possivelmente, esses fatores concorrem para a dor crônica, que parece ser uma resposta inadequada, que persiste mesmo depois de suas causas serem removidas.

É sabido que a dor responde de forma notável ao efeito placebo, ou seja, a substâncias ou procedimentos que não têm um efeito farmacológico ou uma explicação objetiva. O que as pesquisas têm demonstrado é que o efeito placebo ocorre exatamente porque nossas crenças e expectativas ativam as vias descendentes cerebrais (que liberam, por exemplo, neurotransmissores como os opioides endógenos), que são capazes de modular a sensação de dor.

Um achado interessante dos estudos sobre o tema é que a dor física e a dor psicológica são processadas de forma semelhante pelo cérebro. A tristeza intensa e o estresse têm repercussões físicas notáveis, assim como a dor física tem repercussões psicológicas evidentes. A dor provocada pela exclusão social parece ser semelhante, em termos neurais, à dor física, provocando ativação das mesmas estruturas. Além disso, sabemos que a percepção da dor é influenciada pela empatia ou pela compaixão. Nossa sensação dolorosa é alterada quando observamos um ente querido submetido à dor. Os estudos de Tania Singer e colaboradores sugerem que os circuitos que refletem a experiência emocional da dor estão relacionados com o entendimento dos próprios sentimentos, bem como dos sentimentos dos outros. A principal estrutura envolvida é, mais uma vez, a ínsula. Portanto, ocorre uma notável superposição do processamento da dor física e da dor psicológica nos circuitos cerebrais.

A dor é uma experiência comum, que todos desejam evitar. Hoje, nos Estados Unidos, existe um problema crescente pelo uso excessivo de analgésicos opioides para o controle da dor, o que está criando, por si só, uma espécie de epidemia. Assim como temos uma tendência de nos aproximarmos automaticamente daquilo que imaginamos ser "bom para mim", também tendemos a nos afastar impulsivamente do que é "ruim para mim" e queremos a todo custo afugentar a dor. Portanto, é importante desenvolver estratégias eficientes para lidar com ela.

A atenção costuma ser usada como estratégia para encarar a dor, sob a forma de distração, a fim de desviar-se da experiência dolorosa. Por exemplo, é comum envolver-se em outras atividades, como passatempos, ouvir música ou socializar com amigos ou nas redes sociais virtuais. Porém, o problema é que a sensação dolorosa persiste e retorna tão logo cessam as distrações. Outras estratégias que podem minorar o sofrimento causado pela dor são o exercício moderado ou a promoção de um estado emocional positivo.

Existem muitas evidências de que a meditação, particularmente a atenção plena, ou *mindfulness*, é uma maneira efetiva de lidar com a dor. Aliás, o primeiro programa idealizado para popularizar *mindfulness* – Mindfulness Based Stress Reduction (MBSR), ou Redução do Estresse Baseada em Mindfulness –, levado a efeito por Jon Kabat-Zinn no final dos anos de 1970 nos Estados Unidos, reunia um grupo de pacientes que não tinham mais opções no tratamento da dor crônica e mostrou-se bastante promissor no seu controle, o que despertou o interesse da comunidade científica, levando a um grande aumento das pesquisas sobre o assunto.

Não é fácil aceitar a experiência dolorosa, mas esse parece ser um caminho para aprender a mudar a relação com a dor, diminuindo o sofrimento. Com a atenção plena, ou *mindfulness*, procura-se prestar atenção à sensação dolorosa, com curiosidade e aceitação, sem acrescentar pensamentos ou uma história que tenda a gerar mais emoção e sofrimento. O que se pretende, ao final, é perceber a sensação dolorosa como mais uma sensação corporal, eliminando ou diminuindo a urgência de ter que fazer algo a respeito, alterando-se, assim, a avaliação que se faz dela, o que permite que ela seja percebida com tolerância. Ainda que a dor não desapareça, muda-se a relação com ela, diminuindo significativamente o sofrimento.

Com frequência a dor é sobreposta por emoções como a raiva ("Isso é injusto", "Só eu tenho uma dor como essa"), o medo ("Essa dor vai piorar", "Eu não conseguirei suportar") ou a culpa ("Se eu não tivesse feito isso", "Se eu tivesse feito aquilo"). No entanto, como sabemos, os pensamentos são apenas eventos mentais com os quais não temos obrigação de nos identificar: não prestar atenção neles é fundamental. Todavia, pode-se lidar com o componente emocional da forma como já descrevemos para outras emoções: prestando atenção às sensações corporais com gentileza, aceitação e sem julgamento. Trazer a compaixão e a gentileza para nós mesmos, incluída aí a sensação dolorosa, é uma forma poderosa de lidar com a dor.

Pesquisas têm mostrado que a prática de *mindfulness* altera tanto o funcionamento dos circuitos habitualmente envolvidos no processamento da dor quanto a constituição de estruturas como a ínsula, o cíngulo anterior e o córtex pré-frontal, que são regiões nodais para isso. A meditação modifica a forma como a informação dolorosa chega aos centros cerebrais, bem como tem ação nas vias descendentes que modulam a sensação dolorosa. Dirigir voluntariamente a atenção à dor pode ser contraintuitivo e assustador, mas os dados disponíveis indicam que é uma estratégia eficaz que, no entanto, exige disciplina e prática frequente.

Outros estudos indicam que o yoga pode ser efetivo no controle da dor (também tem repercussões no funcionamento da ínsula). Do mesmo modo, o exercício moderado parece ajudar na tolerância a ela. Portanto, as práticas da meditação caminhando ou de *mindfulness* em movimento são recomendações bastante interessantes para cuidar da dor.

ESTRESSE

Quando o organismo se encontra em uma situação de perigo, em que é necessário "lutar ou fugir", são mobilizados recursos fisiológicos que o preparam para enfrentá-la. Como vimos no Capítulo 3, entra em ação uma porção do sistema nervoso que regula as vísceras – o sistema nervoso simpático –, ativando os mecanismos de defesa e mobilizando o corpo para gastar a energia necessária a fim de garantir a sobrevivência do indivíduo. O sistema endócrino também é mobilizado, com a liberação de hormônios como o cortisol na corrente sanguínea. Mesmo o sistema imunitário é excitado, para que as defesas naturais do organismo possam combater uma infecção ou ajudar na cicatrização de um ferimento. Essa é uma situação de estresse agudo, uma resposta altamente adaptativa e essencial para todos os animais. O estresse agudo, portanto, é um bom estresse, que nos mobiliza e prepara para enfrentar situações significativas. Porém, se essas situações se prolongam, tem origem o estresse crônico, um fenômeno que causa desequilíbrio, patologias e tem repercussão até na longevidade.

Uma característica essencial da resposta de estresse é a rápida mobilização de energia dos locais onde ela está acumulada, juntamente com a inibição do seu armazenamento. A glicose, as gorduras e mesmo as proteínas são utilizadas pelo organismo (geralmente por trabalho muscular) para enfrentar o desafio presente. A frequência cardíaca, a pressão arterial e a respiração são envolvidas para transportar oxigênio e energia a taxas máximas. O estado de alerta e de atenção são aumentados, e evita-se gastar energia com outros projetos menos urgentes. Durante o estresse, digestão ou regeneração tissular são inibidas, a libido diminui e dificulta-se a ovulação e a secreção de testosterona. O sistema imune também fica tolhido e a resistência imunológica decai. Em um estresse intenso, a sensação à dor também pode ser inibida e ocorre o fenômeno da analgesia induzida por estresse.

A "síndrome de emergência", de "lutar ou fugir", é altamente adaptativa para a resolução de crises agudas. Ocorre que, com a persistência dessa mobilização, a resposta ao estresse se torna mais perniciosa que o estressor, o que é particularmente verdadeiro para o estresse psicológico, que se traduz pela ansiedade no cotidiano. Se a energia é permanentemente mobilizada e não ocorre novo armazenamento, a fadiga é inevitável. Os glicocorticoides, como o cortisol, aumentam o nível de glicose circulante, o que é importante no curto prazo para resolver a emergência. Contudo, se sua presença se prolonga por mais tempo, pode causar consequências indesejáveis e desencadear o aparecimento de doenças, como o diabetes. O coração fica sobrecarregado e sujeito a doença e desgaste. Podem ocorrer problemas na esfera da reprodução e doenças infecciosas podem se instalar com mais facilidade.

O estresse tem consequências importantes no cérebro, pois os corticoides em altas concentrações são tóxicos para os neurônios da região pré-frontal e do hipocampo e podem, inclusive, destruí-los, ocasionando, por exemplo, alterações na memória. Além disso, esses hormônios têm um efeito inverso na amígdala, onde eles ativam a neuroplasticidade, tornando-a hiperativa e criando um círculo vicioso de consequências desastrosas.

Ao longo da história evolutiva, para os animais e mesmo para nossos antepassados longínquos, o estresse ocorria diante de um fato concreto, como o encontro com um predador. Era um estresse agudo, que requeria uma resposta rápida e que toda energia disponível fosse mobilizada para resolver aquele problema. Em momentos como esse, outras funções, como a digestão de alimentos, devem ser inibidas ou adiadas e sofrem realmente essa intervenção. Porém, o estresse agudo é uma crise passageira, pois quando o estímulo desestabilizador desaparece, deve ocorrer uma desmobilização e retorno à fisiologia normal do organismo. Nessa mesma história evolutiva, um estresse crônico poderia se instalar por doença ou por uma crise prolongada – como fome causada por desastres naturais –, mas, ainda assim, a tendência era que o equilíbrio fosse recuperado sem maiores problemas, caso o indivíduo sobrevivesse.

No mundo moderno, contudo, o estresse pode ser contínuo e costuma ser provocado com muito mais frequência por mecanismos psicológicos. Ele é muitas vezes desencadeado por conflitos familiares, dificuldades financeiras, preconceitos e exclusões sociais, pressão no trabalho e, ainda, fenômenos inerentes ao mundo em que vivemos, como barulho, poluição, isolamento social, etc. O estresse nos torna ansiosos e/ou deprimidos, altera nossos pensamentos – que se tornam negativos e ajudam a amplificá-lo – e nos impulsiona a comportamentos de fuga, como excesso de trabalho, uso de drogas ou medicamentos, distorções na autoavaliação, isolamento, entre outros. Ou seja, o estresse é causado ou agravado por nós mesmos, o que é problemático, pois ativamos aqueles mecanismos de defesa por períodos extensos, provocando um desgaste que não havia sido previsto na evolução natural.

Quando o estresse é intenso e prolongado, pode surgir a síndrome do esgotamento, ou *burnout*, geralmente diagnosticada no ambiente de trabalho. Essa síndrome se caracteriza por exaustão emocional e física, sentimento de alienação do trabalho, da família e do círculo social e incapacidade de se sentir eficaz. As coisas perdem o sentido, o desempenho no trabalho é comprometido e a depressão costuma se instalar. Alguns profissionais, pelas condições estressantes do seu ambiente de trabalho, são mais suscetíveis ao *burnout*, como os professores e os profissionais da área da saúde.

Muitas pesquisas têm repetidamente mostrado que a meditação tem efeitos positivos no controle do estresse. Alguns dos resultados encontrados provêm da análise dos efeitos do programa MBSR, que tem sido muito utilizado em todo o mundo desde que sua implementação, no final dos anos de 1970, nos Estados Unidos, evidenciou benefícios bastante consistentes. A prática contemplativa leva não só a uma percepção de melhoria na sensação de estresse, como também promove alterações nos indicadores fisiológicos, como baixa do nível de cortisol circulante, regulação da atividade cardíaca e aumento das imunoglobulinas sanguíneas, indicando melhor funcionamento do sistema imunitário. A atividade do sistema nervoso simpático também é diminuída, enquanto ocorre maior ativação parassimpática. Além disso, ocorrem mudanças no cérebro, com diminuição da atividade da amígdala e mesmo uma alteração da sua estrutura, que se torna menor. Por esses motivos, a meditação tem sido recomendada como instrumento de combate ao estresse, o que é respaldado por grande número de pesquisas realizadas nos últimos anos.

As bases neurofisiológicas que promovem os efeitos produzidos pelas práticas meditativas ainda são pouco conhecidas, mas existem algumas sugestões de como isso poderia se dar, sendo importante, nesse contexto, observar as modificações que ocorrem com a respiração. Em geral, durante essas práticas, a respiração torna-se mais lenta e profunda e sabe-se que nessas condições a atividade do sistema parassimpático aumenta, o que, como sabemos, se contrapõe ao sistema simpático, responsável pelas respostas de estresse. Recordemos que o simpático promove as respostas de "lutar ou fugir", enquanto o parassimpático desencadeia as respostas de "descansar e interagir".

O principal nervo associado ao parassimpático é o nervo vago, que atua no coração e nas outras vísceras, não só transmitindo ordens motoras, mas também conduzindo ao cérebro as informações sensoriais que nelas se originam. Ele pode induzir uma atitude de repouso corporal, ao mesmo tempo que monitora o estado homeostático no ambiente visceral. Sua atividade tem o poder de deslocar o funcionamento do organismo em direção ao modo "descansar e interagir" e em direção contrária ao modo "lutar ou fugir".

O ritmo respiratório lento estimula os centros nervosos na base do encéfalo que regulam a atividade parassimpática, aumentando a atividade do nervo vago,[*] ou seja, promovendo o aumento do tônus vagal. Esse aumento correlaciona-se, em geral, com a sensação de bem-estar, menor ansiedade e preocupação, além de incremento da capacidade de regulação emocional.

É interessante notar que a maior atividade do nervo vago promove uma ligeira flutuação na frequência do coração ao longo do tempo. A variabilidade da frequência cardíaca (VFC) é um parâmetro fisiológico que pode ser medido, sendo um indicador do tônus vagal, ou seja, reflete uma predominância do componente parassimpático no controle visceral. O aumento da VFC tem sido associado a baixos níveis de estresse e melhor saúde física e mental.

O neurocientista Julian Thayer e colaboradores[**] sugerem que amplitudes mais altas da VFC têm uma atuação no cérebro, promovendo uma sincronização da atividade em regiões cerebrais associadas com a regulação emocional, o que ocasiona um

---

[*] A atividade do nervo vago é modulada pela respiração: é diminuída na inspiração e facilitada na expiração. Ciclos respiratórios com expiração mais longa aumentam a sua atividade.
[**] Mather & Thyer, 2018.

aumento da conectividade nesses circuitos – como aquele que liga o córtex pré-frontal e a amígdala. A conectividade aumentada tem, então, como consequência, um crescimento na capacidade de regulação emocional. Nas práticas contemplativas observa-se, em geral, um aumento da VFC, o que leva a supor que esse seja um mecanismo subjacente ao equilíbrio emocional promovido por elas.

As práticas contemplativas, como a meditação, são um meio eficiente de regulação do estresse no cotidiano, mas existem outros métodos, como o exercício físico, cuja ação benéfica tem sido repetidamente demonstrada. Por isso, é conveniente lembrar que podemos promover a sua associação, a exemplo do que ocorre no yoga, no *tai chi chuan* e nos exercícios de *mindfulness* em movimento, como na meditação caminhando.

AUTORREGULAÇÃO EMOCIONAL USANDO O ACRÔNIMO "RAIN"

Na exposição sobre as diversas emoções, apresentamos algumas estratégias para a sua regulação. A meditação, de maneira geral, é bastante útil para atingir esse objetivo. As pesquisas realizadas nos últimos anos apontam para resultados positivos e têm demonstrado que ela promove modificações no funcionamento e na estrutura do cérebro que permitem um ajuste automático e inconsciente da capacidade de autorregulação. No entanto, é muito útil que as pessoas possam, intencionalmente, envolver-se em uma estratégia que lhes permita regular suas emoções quando são tomadas por elas. Nesse sentido, pode-se utilizar o acrônimo RAIN* como uma maneira de lembrar uma sequência de condutas que podem auxiliar na obtenção da regulação desejada, principalmente para as emoções tidas como negativas. O acrônimo RAIN é construído dessa forma: R = Reconhecer, A = Aceitar, I = Investigar e N = Não se identificar.

R = RECONHECER

Esse é o primeiro passo, pois muitas vezes não percebemos com clareza o início do processo emocional que está se instalando e algumas pessoas têm grande dificuldade

---

* RAIN é a palavra em inglês para "chuva". Podemos imaginá-la como uma garoa refrescante nos momentos em que nossa temperatura mental se encontra elevada por uma emoção.

de reconhecer uma emoção quando ela começa a aparecer. Além disso, como muitas vezes estamos mergulhados no "piloto automático", temos a tendência de simplesmente seguir em frente com nossa conduta, sem mobilizar a atenção consciente. Ao distinguir precocemente a irrupção emocional, é mais fácil identificar a emoção e deflagrar o processo de regulação. Podemos dizer a nós mesmos mentalmente: "Estou me sentindo...". Existem indicações de que o ato de nomear a emoção que sentimos tem um efeito regulador. Quanto mais cedo percebemos a emoção, maior é a chance de regulá-la. Reconhecer é o instante inicial, necessário para dirigir a atenção e tomar consciência do que ocorre naquele momento que se faz presente.

A = ACEITAR

Em seguida, procura-se deixar acontecer, mesmo que a experiência seja desagradável. Não julgar, não rejeitar, não tentar controlar ou fugir da situação ("Eu não quero", "Eu não gosto"). Podemos lembrar que as emoções não são boas nem más por si mesmas e eventualmente acontecem – são parte da nossa experiência como seres humanos. Além disso, são fenômenos transitórios e tendem a desaparecer. Já sabemos que as emoções nos impulsionam para uma aproximação ou um afastamento automáticos e a aceitação nos capacita a não agir de forma impulsiva, a criar um espaço para responder em vez de reagir.

I = INVESTIGAR

Investigar não significa pensar na situação ou analisar suas causas ou desdobramentos. Aqui, significa focar a atenção no próprio corpo, procurando perceber, com gentileza, os sentimentos e as sensações provocados por aquela emoção – descobrir como ela se manifesta em nossa interocepção ("O que está acontecendo comigo agora?"). Vimos que, com *mindfulness*, podemos prestar atenção com gentileza e curiosidade, procurando identificar como uma emoção nos mobiliza e modifica nossa percepção corporal. Essa tarefa nem sempre é fácil, pois a consciência corporal é variável entre as pessoas, mas, com a prática, essa habilidade tende a aumentar. Prestar atenção ao que ocorre no próprio corpo tem duas importantes aplicações: a primeira é que aprendemos a perceber com mais nitidez o processamento emocional, o que nos capacita a reconhecer as emoções mais rapidamente em outras ocasiões; a segunda é que o foco da atenção se desvia dos pensamentos, da história que costumamos nos contar e que frequentemente tem um efeito negativo ao intensificar o sentimento desagradável causado pela emoção.

N = NÃO SE IDENTIFICAR

Não se identificar é atentar para o fato de que as emoções são processos (transitórios) que ocorrem no corpo e no espaço mental, mas que nós não somos verdadeiramente as nossas emoções – não precisamos, obrigatoriamente, nos identificar com elas. Podemos conservar um espaço de liberdade mesmo quando elas se instalam, podemos nos sentir à vontade mesmo em momentos difíceis. Mais recentemente, têm sido feitas sugestões de que o "N" pode ter outro significado, o de "nutrir". Nesse caso, o último estágio de RAIN seria o de nutrir com amorosidade e compaixão. Veremos, no próximo capítulo, o conceito de autocompaixão e suas aplicações, mas podemos adiantar que "N" pode ter o significado de "nutrir com autocompaixão".

Assim, podemos dizer que a meditação e as práticas contemplativas não têm por finalidade e nem o poder (felizmente) de eliminar nossas emoções. Elas continuam ocorrendo, embora o seu processamento seja modificado. Quando somos tomados por uma emoção que desejamos regular, é bom ter em mente a estratégia RAIN, pois ela nos ajuda a encontrar o equilíbrio emocional.

Práticas de meditação recomendadas (ver Apêndice):

5   Meditação caminhando
11 Deslocamento consciente no trânsito
12 O acrônimo "RAIN" na regulação emocional

RESUMINDO

Para regular as emoções, o primeiro passo é conhecê-las mais de perto. Comecemos com a raiva, uma emoção muito frequente, que ocorre quando nos deparamos com algo que nos tolhe, algo que consideramos um obstáculo a ser removido. A raiva tem gradações: desde uma leve irritação até um ódio intenso que nos consome inteiramente. Ela pode ter consequências desagradáveis, porque nos impulsiona a atacar, a eliminar a causa de nossa contrariedade. Isso gera problemas nas interações sociais, porque induz reações semelhantes nas outras pessoas e tende a se expandir. No entanto, a raiva também pode ser construtiva e importante quando ela nos mobiliza para combater injustiças, por exemplo.

O primeiro passo para a regulação da raiva, com *mindfulness*, é reconhecer sua presença. E quanto antes somos capazes de fazê-lo, maior é a chance de conseguir regulá-la. Não há evidência de que uma explosão raivosa seja a melhor maneira de nos sentirmos aliviados, e simplesmente suprimi-la não é saudável, porque as alterações fisiológicas desencadeadas pela amígdala cerebral já terão ocorrido. Tendo percebido seu aparecimento, o segundo passo é aceitar as emoções, sabendo que elas ocorrem, são inevitáveis, não são boas ou más e, por fim, são transitórias, vêm e vão. O próximo passo é observar o que está acontecendo em nosso corpo, para nos familiarizarmos com essas respostas e para desviarmos a atenção dos pensamentos que podem ampliar o sentimento emocional. Podemos, como passo final, perceber que a raiva ocorre como um processo no corpo e na mente, mas que não somos a nossa raiva. Pode-se constatar: "existe uma raiva em mim", mas não é preciso se identificar automaticamente com ela. De maneira geral, essa sequência de atitudes é muito útil na regulação das emoções, principalmente daquelas consideradas negativas ("isso é ruim para mim"). Essa sequência pode ser lembrada por meio do acrônimo RAIN.

A sequência de atitudes descritas para a regulação da raiva pode ser utilizada com a tristeza, a frustração, a inveja, a vergonha, o ciúme e tantas outras, inclusive o medo. Porém, examinemos um pouco mais o medo e a ansiedade. O medo é uma emoção comum, que existe para nos proteger. Ele é importante para que evitemos ameaças, pois muitas vezes temos que reagir prontamente, com uma fuga, por exemplo, para garantir a nossa integridade. O medo pode ser causado por perigos que todos reconhecemos, como um vírus fatal, mas ao longo da vida aprendemos a ter medo de coisas bem particulares, podendo ser causado pelos pensamentos. Atualmente, o medo costuma ser provocado muito mais por ameaças psicológicas do que por problemas concretos.

Aqui está a diferença entre medo e ansiedade: no caso do medo, a ameaça é real, provocada por um estímulo e que tende a desaparecer em sua ausência; a ansiedade, por sua vez, ocorre por antecipação, por um perigo que nem sempre é real, por exemplo, por medo de problemas financeiros futuros, de ser inadequado em situações sociais e até de "ficar por fora" nas redes sociais. A imaginação pode desencadear o medo, ou melhor, a ansiedade. Hoje, a ansiedade é um fenômeno de estresse prevalente, podendo se manifestar com sintomas físicos, como dor de cabeça, falta de ar, palpitações, tonturas e outros incômodos bem reais. A amígdala cerebral está envolvida na gênese da ansiedade, e os processos de instalação são geralmente inconscientes – muitas vezes nem conseguimos identificar a sua causa.

Nunca é demais repetir: as emoções são fenômenos transitórios. Elas ocorrem na presença de um estímulo significativo e tendem a desaparecer quando ele some. Quando deixadas sozinhas, as emoções duram cerca de um minuto. Por exemplo, os animais sentem medo, mas não ansiedade. Terminado o estímulo, eles tendem a voltar ao estado de normalidade. Nós, humanos, temos um córtex pré-frontal avantajado, que permite projetar o pensamento para fora do momento presente, e essa capacidade, tão útil em outras circunstâncias, nos torna aptos a sermos ansiosos.

No que se refere à dor, embora não seja uma emoção, ela costuma ser acompanhada de emoções, como raiva, medo ou culpa. A dor tem um aspecto sensorial semelhante a outras sensações, mas a informação dolorosa é levada também aos centros nervosos que lidam com as emoções, e ela adquire um *status* afetivo: é algo que "é ruim para mim" e preciso agir para me livrar dela.

Além disso, as áreas cerebrais relacionadas com o processamento cognitivo também são envolvidas; assim, o significado que a dor tem para o indivíduo também é fator relevante. Esses três componentes – sensação dolorosa, emoção e cognição – interagem e podem intensificar a dor e o sofrimento.

A meditação pode ajudar no manejo da dor, quando se presta atenção a ela com aceitação, sem julgamento ou o acréscimo de histórias que tendem a acentuá-la. Embora seja contraintuitivo, prestar atenção à dor dessa maneira pode contribuir não para eliminá-la, mas para permitir que ela se torne muito mais suportável.

Já o estresse é um fenômeno que ocorre quando estamos diante de uma situação desafiadora. Vimos que, nesses casos, é ativado o sistema simpático, que mobiliza o corpo e os processos mentais para enfrentar a situação, instalando-se o modo "lutar ou fugir". São liberados hormônios como cortisol e adrenalina, é ativado o sistema imunitário e providenciada a energia necessária para garantir a sobrevivência do organismo. O estresse agudo é, então, um fenômeno importante e adaptativo. No entanto, se essas situações se prolongam, ocorre o estresse crônico, que causa sofrimento e doenças que prejudicam o organismo. O estresse também gera consequências no cérebro, pois o cortisol, um hormônio da glândula suprarrenal, destrói neurônios do hipocampo (importante para a memória) e do córtex pré-frontal (importante para o raciocínio crítico e a tomada de decisão). Além disso, o cortisol estimula a amígdala, aumentando a reatividade emocional. É um círculo vicioso completamente desastroso.

Estresse intenso e prolongado pode levar à síndrome de esgotamento, ou *burnout*, que se caracteriza por exaustão emocional e física, bem como um sentimento de alienação do trabalho, da família e uma terrível incapacidade de se sentir eficaz. Os profissionais da saúde e os professores, por exemplo, por suas condições estressantes de trabalho, são uma população suscetível ao esgotamento.

A meditação é uma das práticas mais eficazes para lidar com o estresse. Muitas pesquisas reiteradamente têm comprovado esse fato. *Mindfulness* não só leva a uma melhora na percepção subjetiva da sensação de estresse, como também altera os indicadores fisiológicos: diminui o cortisol circulante e a atividade simpática, dando lugar a um predomínio das ações do parassimpático, e melhora a resposta imunológica. Há deslocamento da reação de "lutar ou fugir", controlada pelo simpático, para a reação de "acalmar e interagir", controlada pelo parassimpático. A meditação reforça o córtex pré-frontal e diminui a atividade e até a estrutura da amígdala – efeitos exatamente opostos aos ocasionados pelo estresse.

5 AS EMOÇÕES POSITIVAS

Por muito tempo a comunidade científica ignorou as emoções positivas, pois a pesquisa psicológica estava voltada, essencialmente, para o estudo dos distúrbios e dos sofrimentos mentais. O surgimento da psicologia positiva, na virada do século, por sua ênfase nos estados mentais benéficos, foi importante para mudar o quadro anterior e impulsionar o estudo das emoções agradáveis.

Classicamente, entre as chamadas emoções básicas que já mencionamos, somente a alegria é uma emoção positiva, sendo as demais em geral consideradas desagradáveis. Contudo, as emoções positivas são múltiplas, contam-se às dezenas e algumas delas são comentadas a seguir.

EMOÇÕES POSITIVAS

ALEGRIA

A alegria ocorre quando sentimos um estado de bem-estar significativo, quando o momento presente é tido como agradável e nos encontramos bem e prazerosos. Essa emoção nos convida a interagir, nos impele a nos envolvermos com o ambiente e com as pessoas. É uma das chamadas emoções básicas, às vezes descrita como um estado geral de afeto positivo, que permearia também outras emoções agradáveis. Com frequência é considerada um sentimento geral sobre a vida, quando se confunde com o conceito de felicidade.

ADMIRAÇÃO (*AWE*, EM INGLÊS)

Ocorre quando encontramos algo que percebemos como belo ou poderoso além do ordinário ou normal, que leva à reverência, à veneração ou ao louvor. Pode ser sentida ao se observar fenômenos da natureza, por exemplo, como um pôr do sol arrebatador ou uma cascata imponente. Compele a absorver essa vastidão, criando maneiras de ver as coisas e ampliando os recursos pessoais. Pode incluir um elemento de temor ou de respeito diante da grandiosidade observada.

ALÍVIO

Emoção caracterizada pelo contraste entre um estado positivo que se instala em seguida a um estado negativo anterior.

COMPAIXÃO

Etimologicamente, é a emoção que sentimos ao estar com o outro na sua dor. Envolve também o desejo sincero de agir para diminuir ou eliminar o sofrimento. É diferente do sentimento de pena, da simpatia e da empatia. Por sua importância, voltaremos a examinar a compaixão mais adiante.

CURIOSIDADE

A curiosidade ocorre quando se encontra algo misterioso ou desafiador, em um ambiente seguro, mas com aspectos desconhecidos. Promove a necessidade de explorar, aprender e, dessa forma, aumentar os próprios recursos. Está ligada à liberação de dopamina no cérebro e é capaz de impulsionar a memória e a aprendizagem.

DIVERSÃO

Ocorre em situações sociais que capturam a atenção de forma alegre e despreocupada. Convida à interação social, com hilaridade, prolongando o jogo de interação e o prazer. Promove o fortalecimento de vínculos sociais.

ELEVAÇÃO

Experimentada quando presenciamos feitos que excedem o comum, ou observamos um desempenho sem paralelo em algum campo – por exemplo, quando testemunhamos um momento de beleza moral, que nos impele a comportamentos semelhantes.

ESPERANÇA

Emerge quando algo por vir pode ser desagradável, mas se deseja e se acredita que acontecerá o melhor. Promove a necessidade de mobilizar os recursos disponíveis para alcançar o almejado. É importante para a resiliência, que leva a superar os obstáculos.

GENTILEZA

Também referida como *amorosidade*, traz o sentimento de conexão, de valorização das pessoas que nos rodeiam, promovendo o desejo de que estejam alegres e felizes, assim como nós mesmos. A gentileza amorosa é um antídoto e um recurso efetivo contra a raiva e a animosidade. Sabe-se que ela ativa os centros de recompensa no cérebro e libera neurotransmissores que reduzem a atividade dos circuitos relacionados ao estresse.

GRATIDÃO

Sentimos gratidão quando nos damos conta de que recebemos algo que apreciamos. Um benfeitor pode ser, às vezes, identificado, mas não necessariamente. Pode ser conceituada como a capacidade de perceber e apreciar o que existe de positivo em nossa existência, o sentimento de que a vida, ou suas circunstâncias, são uma dádiva. É um eficiente antídoto às emoções negativas. Existem evidências de que a gratidão promove a resiliência e aumenta a resistência ao estresse e a sensação de bem-estar. Em geral impulsiona a generosidade e a reciprocidade, que, por sua vez, levam à expressão de gentileza e cuidado com os outros. Gera um sentimento de satisfação e melhora os relacionamentos, já que estimula condutas pró-sociais. É uma das emoções mais pesquisadas atualmente, sendo usada como elemento auxiliar em psicoterapias.

INSPIRAÇÃO

A inspiração aparece quando sentimos um momento de funcionamento propício, quando experimentamos o desafio de agir de modo a atingir um objetivo. Promove o desejo de superação, de conseguirmos fazer o melhor. Alguns autores a consideram um estado motivacional ligado ao crescimento pessoal e não propriamente a uma emoção.

ORGULHO

É o sentimento que ocorre quando alcançamos um objetivo almejado ou realizamos um feito que é reconhecido socialmente. Pode-se sentir orgulho também pelo que é realizado por uma pessoa próxima ou querida. Ele impele à celebração e ao desejo de novas e maiores realizações. Existe um lado negativo do orgulho, que pode levar à arrogância e ao narcisismo.

PERDÃO

Uma emoção positiva que leva a deixar de lado o sentimento de ter sido ferido, não desejando uma reparação, ou vingança. Não significa esquecer o malfeito ou considerá-lo irrelevante, mas contém um desejo de seguir a vida e olhar para a frente, sem carregar sentimentos negativos de rancor que promovem o estresse e dificultam as interações sociais.

SERENIDADE

Assinalada pelo sentimento de estar em um momento confortável e satisfatório, à vontade e sem preocupações. Promove relaxamento e uma sensação de calma interior. Pode também ser chamada de contentamento ou tranquilidade.

AMOR

Emerge quando emoções positivas são sentidas em conexão com uma relação interpessoal. Leva a um desejo de aceitar incondicionalmente e de estar com a pessoa amada. Para muitos, seria um conjunto das outras emoções positivas, que cria conexão social e uma sensação de autoexpansão, sendo importante para gerar e manter vínculos.

Em geral, apenas uma expressão facial – o sorriso – costuma ser associada às emoções positivas. É bom lembrar, no entanto, que existe um sorriso verdadeiro, também conhecido como sorriso de Duchenne, que é diferente do sorriso social, ou "sorriso de *selfie*", pois envolve, além da musculatura facial em torno da boca, a musculatura que contorna os olhos. Esse estreitamento dos olhos é difícil de reproduzir de forma voluntária e só aparece quando a expressão é espontânea. Além de expressar alegria, o sorriso é também importante porque tende a provocar um sorriso de volta. Sabemos que existe uma propensão que nos leva a copiar os gestos e as expressões das pessoas com quem estamos interagindo positivamente e, nesse sentido, o sorriso é contagioso. Além disso, alterações faciais promovem mudanças no funcionamento do sistema nervoso e sorrir ativa uma emoção positiva. Por tudo isso, esse gesto propicia o aparecimento de uma ressonância interpessoal positiva.

Sabemos, por outro lado, que outras expressões são importantes na manifestação das emoções positivas, como movimentos da cabeça e expansão da postura – elevação da cabeça, por exemplo, para expressar orgulho ou abertura dos braços para expressar acolhimento. O tato também se destaca na expressão de emoções positivas, não só na espécie humana, mas entre os primatas em geral. O toque ativa áreas cerebrais relacionadas com o sistema de recompensa e com a interocepção, como a ínsula, e é importante para a criação de vínculos familiares e sociais. Um abraço fraterno libera oxitocina em áreas cerebrais. O tato pode mesmo diminuir o estresse quando, por exemplo, alguém querido segura nossas mãos em um momento desafiador. Contudo, essas formas de contato manifestam-se de modo diverso sob a influência de práticas e costumes culturais próprios de cada país ou população.

A voz – ou o tom de voz – é outro meio comum para comunicar emoções, tanto as negativas quanto as positivas. Em relação à linguagem verbal, a expressão é feita, muitas vezes, de forma não semântica, por elocuções curtas, como "Aahh", "Sstt", "Uuff", etc., que são reconhecidas prontamente em um ambiente social.

Cabe aqui um alerta e um lembrete: a expressão e o reconhecimento das emoções desenvolveram-se ao longo da história evolutiva, requerendo interações pessoais que ocorrem preferencialmente face a face. Hoje, essas interações têm se tornado cada vez mais raras, sendo substituídas por aquelas intermediadas por meios eletrônicos. Com isso, boa parte da efetiva comunicação dessas emoções corre o risco de se perder, pois com o uso dessa intermediação é mais difícil estabelecer, por exemplo, a ressonância afetiva positiva, que propicia o fortalecimento de vínculos e de confiança mútua.

IMPORTÂNCIA DAS EMOÇÕES POSITIVAS

Já sabemos que as emoções negativas são importantes para que os indivíduos enfrentem ameaças que aparecem ao longo da existência. Já as emoções positivas são relevantes para aproveitar as oportunidades oferecidas pelo ambiente, de forma a adquirir os recursos, os materiais, sociais ou informacionais, que permitam a melhor adaptação e sobrevivência dos indivíduos. A pesquisadora norte-americana Barbara Fredrickson, uma das figuras mais destacadas do movimento da psicologia positiva, desenvolveu a proposta da "teoria da expansão e construção" (*broaden and built theory*), que procura demonstrar que emoções positivas expandem a consciência, levando à construção de recursos importantes para garantir a sobrevivência – como resiliência, suporte social, além de novas habilidades e conhecimentos. Em outras palavras, as emoções positivas não apenas assinalam que está tudo bem no ambiente, mas permitem o alargamento das interações com o meio, expandindo o foco atencional, o que tem impacto na percepção do bem-estar físico e mental – um "florescimento" – que corresponde a um nível mais satisfatório do funcionamento do organismo como um todo no cotidiano.

Emoções negativas e positivas são importantes e têm significado para a sobrevivência no dia a dia, mas agem de formas diferentes. As emoções negativas, em geral, produzem um estreitamento do foco atencional, pois isso é importante para enfrentar uma ameaça imediata. As emoções positivas, ao contrário, aumentam a possibilidade de sobrevivência no longo prazo, alargando o foco atencional. Ou seja, as emoções negativas requerem uma ação imediata para permitir a sobrevivência, enquanto as emoções positivas indicam a ausência de ameaças, permitindo o relaxamento do estado de alerta, com o aparecimento de uma motivação para explorar, aproximar e interagir.

Segundo a teoria da expansão e construção, as emoções positivas promovem o alargamento do pensamento e das ações e facilitam comportamentos que constroem mais recursos pessoais no longo prazo. Essa aquisição, por sua vez, permite maior eficiência para enfrentar situações desafiadoras. Além disso, esses recursos facilitam, em ocasiões futuras, a percepção e o desfrute das emoções agradáveis, criando uma espiral positiva que contribui para a sobrevivência, a saúde e a satisfação pessoal. As pesquisas têm mostrado que, de fato, emoções positivas recorrentes aumentam a resiliência, o crescimento psicológico e a resposta imunológica, reduzem os níveis de cortisol e de inflamação, e promovem um aumento da longevidade.

Além disso, a experiência de emoções positivas impulsiona a interação interpessoal; elas convidam ao congraçamento, ao compartilhamento das boas sensações. Há indicações de que, nesses momentos, as pessoas tendem a confiar nos que estão em volta – o que é mediado, possivelmente, pela liberação de neurotransmissores, como a oxitocina.

Muitos estudos têm evidenciado que as pessoas que experimentam regularmente emoções positivas vivem mais e com mais saúde (apresentam menos doenças cardiovasculares ou dores em geral e menos inflamação). Por sua vez, melhores condições de saúde ajudam a promover emoções positivas. A habilidade de transformá-las em conectividade social poderia talvez explicar, pelo menos em parte, os seus efeitos benéficos. As interações sociais agradáveis promovem a saúde física e mental e aumentam a longevidade. Já a percepção de isolamento ou a falta de conexões geram mal-estar ligado ao estresse e propensão a problemas cardíacos.

CONTROLE NEURAL CENTRAL E PERIFÉRICO

As emoções positivas envolvem mecanismos neurais diferentes dos envolvidos nas emoções negativas, as quais, como já vimos, desencadeiam frequentemente a resposta de "lutar ou fugir". As emoções positivas, relacionadas com a aquisição de recursos, associam-se à ativação de circuitos situados na base do cérebro, os circuitos de gratificação, ou de recompensa, cujo principal neurotransmissor é a dopamina (ver Fig. 6.2 e Cap. 6). Esses circuitos estão ligados à motivação, assinalam a expectativa de que algo agradável pode ocorrer, promovendo o início de um comportamento de aquisição, acompanhado de um sentimento que pode ser chamado de entusiasmo.

A partir da ativação dos circuitos de recompensa, outros neurotransmissores podem ser mobilizados em diferentes estruturas cerebrais, com repercussão nos sentimentos e condutas associados a diferentes emoções positivas. Embora não exista uma correspondência precisa entre neurotransmissores e comportamentos, podem-se estabelecer algumas correlações.

Sabe-se, por exemplo, que a serotonina pode ser importante nas interações sociais, pois ela induz comportamentos mais assertivos e confiantes. Os peptídeos opiáceos (que têm semelhanças com derivados do ópio), por sua vez, estão ligados ao "gostar", ao prazer hedônico (inclusive na comida, como o sabor doce ou untuoso) e ao comportamento de consumo. Estão também relacionados com os vínculos sociais afetivos, com a intimidade. O toque tátil afetuoso frequentemente libera opiáceos no cérebro, com ativação da sensação de prazer e alívio do estresse. Esses neurotransmissores são mobilizados, também, pelo sentimento de gratidão.

A testosterona ativa áreas cerebrais que têm um papel no desejo sexual, tanto de machos quanto de fêmeas, e a deficiência desse hormônio leva à diminuição ou perda de libido. Os canabinoides (neurotransmissores que têm uma estrutura semelhante ao canabidiol, presente na maconha) estão envolvidos no prazer do comportamento de jogar, ou brincar. A diversão é uma emoção ligada à liberação de canabinoides, também ligados à diminuição da sensação de dor.

Outra substância importante nesse contexto é a oxitocina, um hormônio que funciona também como neurotransmissor no cérebro. Ela é liberada durante a amamentação e está envolvida no comportamento de cuidar da prole, bem como na formação de vínculos que facilitam esse comportamento – inclusive os laços que ligam os casais. É provável que sua ação esteja ligada a uma interação com os circuitos de recompensa. As ações da oxitocina têm sido muito exageradas pela imprensa leiga: tem sido referida como o "hormônio do amor", ou da boa vontade. Sabe-se que a aplicação intranasal de oxitocina leva a um sentimento de confiança para com outros indivíduos presentes no mesmo ambiente e, com base nesse achado, vaporizadores de oxitocina tornaram-se disponíveis no mercado norte-americano.

Porém, é importante salientar, mais uma vez, que não existe correspondência direta entre determinados neurotransmissores, estruturas ou circuitos cerebrais, e emoções positivas específicas. A interação é muito complexa e a ciência está apenas começando a entender como funcionam esses processos no cérebro.

Quanto ao controle neural periférico, já vimos que o sistema nervoso simpático é o componente do sistema nervoso visceral envolvido nos episódios de emoções negativas. As emoções positivas, por sua vez, parecem mobilizar o outro componente, ou seja, o sistema nervoso parassimpático, responsável pelas respostas de "acalmar e interagir", que tendem a inibir o "lutar e fugir" que ocorre com a ativação do simpático. O nervo mais importante do parassimpático é o nervo vago, que inerva todas as vísceras do tórax e do abdome e é responsável pela maior parte das informações sensoriais viscerais. As emoções positivas estão associadas ao aumento do tônus vagal que, por sua vez, assinala um bom funcionamento cardiovascular e metabólico. O tônus vagal aumentado assinala a presença de emoções positivas, com crescimento do afeto positivo e da sensação de bem-estar, além de concomitante aumento da habilidade de autorregular as emoções.

AUTORREGULAÇÃO

Como sabemos, a autorregulação emocional pode ser aplicada tanto para as emoções positivas quanto para as negativas. Em geral, é claro, estamos interessados em diminuir ou interromper as experiências emocionais desagradáveis e, inversamente, iniciar e impulsionar as emoções positivas.

O primeiro passo para regular as emoções é registrar a sua presença, e isso é mais difícil, paradoxalmente, em relação às emoções positivas. Nós estamos sujeitos ao chamado "viés da negatividade", ou seja, percebemos muito melhor as ameaças que nos cercam do que as oportunidades de que dispomos. Isso tem origem, sem dúvida, em nossa história biológica evolutiva: sempre foi muito mais importante perceber e evitar as ameaças, que poderiam interromper a própria vida, do que detectar as oportunidades, pois o potencial de causar dano é muito menor.

O psicólogo Rick Hanson sugere que no funcionamento do cérebro "temos um Teflon para as experiências positivas, mas um velcro para as experiências negativas" – deixamos escapar as primeiras e nos agarramos nas últimas. O resultado é que, ao final do dia, lembramo-nos muito mais facilmente das dificuldades ou das críticas que recebemos do que dos momentos agradáveis e dos elogios que pudemos vivenciar nas horas precedentes.

Além do viés da negatividade, as emoções positivas são mais sutis e mais difíceis de perceber. As emoções negativas têm a capacidade de mobilizar o organismo de forma generalizada, pois existe um problema imediato a ser resolvido, enquanto as emoções positivas promovem uma descontração, possibilitando abertura e interação mais amplas com o que ocorre naquele momento, mas que podem passar despercebidas. Podemos dizer que as emoções negativas gritam, enquanto as positivas geralmente sussurram, e por isso é mais difícil tomar conhecimento delas.

No entanto, sabemos que as emoções positivas são mais frequentes do que as emoções negativas: ao longo dos dias, os episódios agradáveis costumam ser mais numerosos que os desagradáveis e podem facilmente se transformar em emoções positivas. Diferentemente do que com frequência somos levados a pensar, em nossa cultura, os momentos felizes não estão relacionados com o consumo de produtos caros ou com experiências raras ou difíceis de obter. Prazeres simples podem ser encontrados no cotidiano, quando estamos ancorados no momento presente e em conexão, por exemplo, com a natureza, com os que nos cercam ou com nós mesmos. A ausência de expectativas ou demandas e a presença de um propósito também costumam favorecer o aparecimento das emoções positivas.

O primeiro passo na regulação emocional positiva é, sem dúvida, estar atento ao momento corrente, estar consciente do que a vida pode, eventualmente, nos trazer de proveitoso, mesmo quando estamos atravessando tempos difíceis. O sorriso de uma criança, o abraço ou elogio de pessoas queridas, um sorvete em uma tarde quente, um banho relaxante, um pôr do sol estimulante são oportunidades para desfrutar de emoções positivas. O que precisamos é tomar conhecimento e nos apossarmos da sensação de bem-estar. Pouco a pouco, nos tornamos mais hábeis em perceber esses momentos, que irão transformar o modo como nos sentimos no mundo.

Depois de perceber a emoção, uma regra oportuna é incorporar – ou seja, literalmente transportar para o corpo – o bom momento que está sendo experimentado: prestar atenção no que está ocorrendo em nosso corpo, nas sensações agradáveis que temos oportunidade de desfrutar. Alguns autores recomendam "instalar" essa sensação agradável, procurando mantê-la de forma consciente por alguns momentos – a duração de três profundos ciclos respiratórios, por exemplo.

Vale a pena, sempre que possível, compartilhar o sentimento de alegria com aqueles que nos cercam. Expressar a emoção que sentimos é mais uma forma de prolongá-la e tem a vantagem adicional de contaminar o ambiente de forma benfazeja, pois as emoções costumam ser contagiosas. Isso pode modificar favoravelmente o ambiente familiar ou de trabalho, por exemplo.

Por fim é bom que nos lembremos de ser gratos pelos momentos felizes que estamos vivenciando. Voltaremos a falar sobre a gratidão mais adiante; aqui basta lembrar que ela favorece o bem-estar, diminui o estresse e afasta muitas emoções negativas.

Cabe ainda uma palavra de alerta sobre a avidez por experiências agradáveis todo o tempo, mesmo porque experiências desagradáveis inevitavelmente acontecem. Não existe uma vida desprovida de emoções negativas, e elas também são importantes para o crescimento pessoal, para desenvolver a resiliência ou a criatividade. Melhor do que buscar experiências prazerosas a todo custo é estarmos abertos e atentos ao seu aparecimento no dia a dia, aprendendo a desfrutá-las e criando as condições para que elas sejam percebidas e apreciadas com mais frequência.

Alguns autores recomendam que se procure manter uma proporção de experiências positivas maior que a de experiências negativas no cotidiano, o que proporcionaria melhor funcionamento para os indivíduos, para os casais ou para as equipes de trabalho. Contudo, é contraproducente buscar constantemente um estado emocional positivo, o que pode gerar, inclusive, sentimentos de frustração, ou seja, levar a um estado emocional negativo.

Prestar atenção ao momento presente é importante para regular as emoções. Com a atenção plena (*mindfulness*) estamos mais presentes no dia a dia e prestamos atenção com abertura e curiosidade, o que nos torna mais conscientes dos bons momentos quando eles acontecem, possibilitando desfrutá-los de forma mais ativa. Já vimos que a meditação pode ajudar na regulação das emoções negativas e o mesmo pode ocorrer para as emoções positivas. A atenção plena é um eficiente instrumento para ampliar a sensação de bem-estar, com reflexos positivos na saúde física e mental.

Outro tipo de meditação que tem sido estudado no contexto da regulação emocional positiva é a meditação da amorosidade, ou da gentileza amorosa (*loving-kindness meditation*) (ver Apêndice, Prática 6). Como toda prática meditativa, ela envolve a atenção, que, nesse caso, é voltada para a geração de um sentimento autêntico de boa vontade para consigo mesmo e para com os outros. Pesquisas têm indicado que ela pode impulsionar o afeto positivo, promover a saúde e o bem-estar e ativar a plasticidade cerebral em estruturas relacionadas com emoções positivas, como as áreas corticais pré-frontais.

Os estudos sobre a meditação da amorosidade demonstram de forma inequívoca que o desenvolvimento e a prática da generosidade têm consequências benéficas para quem é generoso. A meditação da amorosidade, que promove esses sentimentos positivos, serve também para contrabalançar os sintomas depressivos e diminuir a agressividade. Ela desenvolve um senso de conexão com os outros, promovendo as interações sociais. Essa prática está associada, além disso, a um aumento do tônus vagal que, como vimos, correlaciona-se com a sensação de bem-estar e com a propensão para o desfrute das emoções positivas.

As pesquisas indicam que quando as pessoas aprendem a regular as emoções positivas, por treinamento da sua atenção (*mindfulness*) ou por meio da meditação da amorosidade, elas passam a perceber de forma mais espontânea a sua presença, lançando-se em uma trajetória de autocrescimento – um florescimento – que corresponde a um estado de bem-estar acima da média encontrada na população em geral.

As emoções positivas têm o benefício adicional de contrabalançar as emoções negativas e podem ser usadas para esse fim. Nesse contexto, a gratidão tem sido utilizada e estudada extensivamente. Essa emoção nos auxilia a reconhecer e a prestar atenção nas experiências que nos aprazem, fazendo elas não passarem despercebidas. Existem práticas para impulsionar a gratidão recomendadas pelos estudiosos da psicologia positiva, como escrever uma carta agradecendo a alguém que nos tenha favorecido e a quem somos gratos, ou registrar periodicamente – a cada semana, por exemplo – as três coisas que pudemos observar ou vivenciar e que sensibilizam nossa gratidão. Além disso, a própria meditação pode ser um instrumento para o desenvolvimento da gratidão, dirigindo a atenção do meditador para as múltiplas razões para agradecer no dia a dia (ver Apêndice, Prática 7).

Um grande volume de trabalhos científicos com foco na gratidão tem sido gerado nos últimos anos, havendo muito entusiasmo com relação aos seus efeitos. Contudo, as revisões de literatura mais recentes recomendam cautela, pois muitos resultados são contraditórios, indicando que mais pesquisas precisam ser feitas antes de estabelecer conclusões definitivas. Porém, pode-se afirmar com segurança que a gratidão está associada com o bem-estar emocional e social. Ela aumenta a sensação subjetiva de bem-estar e satisfação com a vida e impulsiona a reciprocidade e a generosidade, com repercussões favoráveis nas interações sociais.

COMPAIXÃO E AUTOCOMPAIXÃO

A compaixão tem sido reconhecida cada vez mais como uma emoção fundamental para o cotidiano das pessoas. Historicamente, ela sempre foi um elemento básico nas diferentes tradições espirituais e mais recentemente reconhece-se que tem um papel imprescindível, por exemplo, nos sistemas sociais, para o cuidado com a saúde, com a educação ou com a justiça.

A compaixão, em sua definição nos dicionários, é o sentimento benigno em relação a uma pessoa que está sofrendo, acompanhado de uma motivação para ajudá-la. Os estudiosos do tema acrescentam que é importante também adotar uma atitude de abertura e tolerância, de modo a não se desgastar com o estresse causado em si mesmo pelo sofrimento alheio. Mais recentemente, tem despertado interesse o conceito de autocompaixão, que seria esse mesmo sentimento voltado para si mesmo, nos momentos de provação.

É preciso levar em conta que existem conceitos semelhantes que, todavia, não são o mesmo que a compaixão. Um deles é o de empatia, que é a capacidade de se identificar com os sentimentos de outra pessoa. A empatia pode ser dividida em dois componentes: a cognitiva – a compreensão intelectual da emoção e da perspectiva de outra pessoa – e a emocional – a capacidade de se envolver afetivamente com a emoção da outra pessoa. A empatia é um elemento da compaixão, mas essa última tem um ingrediente adicional básico, que é o desejo de agir para aliviar o sofrimento. Além disso, a compaixão refere-se ao sofrimento, enquanto a empatia se aplica também a outras situações, como alegria, medo ou raiva. Alguns autores lembram, ainda, que a compaixão é uma emoção mais ampla, que pode ser expandida para toda a humanidade, enquanto a empatia se refere a relações interpessoais restritas. Pesquisas neurobiológicas têm mostrado, além disso, que os mecanismos neurais da empatia e da compaixão são diferentes no funcionamento cerebral.

Outro conceito semelhante, mas que não se confunde com a compaixão, é a pena. Esse sentimento envolve certa condescendência, superioridade e não é acompanhado, necessariamente, do impulso para ajudar. A gentileza, ou generosidade, a qualidade de ser amigável, atencioso e delicado, também difere da compaixão porque não requer o mesmo envolvimento afetivo e não está ligada, necessariamente, com o sofrimento.

A compaixão e a autocompaixão podem ser conceituadas, de modo mais amplo, como possuindo os seguintes elementos: a) o reconhecimento do sofrimento; b) o entendimento de que o sofrimento é uma experiência comum a todos os seres humanos; c) o sentimento de empatia em relação ao sofrimento observado; d) a abertura e a tolerância em relação à aflição observada em si mesmo; e e) a motivação para agir de forma a aliviar o sofrimento.

Estudos mostram que a compaixão ativa estruturas nervosas do circuito de recompensa, que levam a sentimentos de proximidade e afeto positivo e estão relacionados com comportamentos pró-sociais. Tanto a compaixão quanto a empatia podem ser cultivadas e ativam a neuroplasticidade, alterando circuitos cerebrais. Comprovadamente, geram vários benefícios intrapessoais, na saúde física e mental, e interpessoais, como aumento da cooperação e da tolerância.

A já mencionada prática da meditação da amorosidade tem sido cada vez mais utilizada para desenvolver a compaixão. Trata-se de uma prática de inspiração budista que visa promover os sentimentos de gentileza e compaixão. Nela, o meditador procura desenvolver um sentimento de boa vontade, a princípio voltado para si mesmo, depois para pessoas próximas e queridas e, sucessivamente, procura envolver outras pessoas até, idealmente, atingir toda a humanidade. Costuma ser reconhecido que os meditadores experientes nessa prática são pessoas com um estado de bem-estar acima da média e o Dalai-lama a recomenda: "Se quisermos fazer felizes os outros, devemos praticar a compaixão. Se quisermos ser felizes nós próprios, devemos praticar a compaixão".

Muitos trabalhos científicos indicam que a meditação é um instrumento expressivo para o desenvolvimento da compaixão e, consequentemente, para o fomento dos comportamentos pró-sociais e do afeto positivo. Vários estudos confirmam que essa prática tem a capacidade de alterar o funcionamento de estruturas cerebrais. Por isso mesmo, atualmente, existem vários programas de intervenção que utilizam a meditação como instrumento para aumentar a compaixão e os seus efeitos benéficos, inclusive como elemento auxiliar de processos psicoterapêuticos.

A autocompaixão, que também tem sido muito pesquisada na última década, é, como o nome indica, a compaixão voltada para si mesmo, ou seja, nós mesmos como objeto de atenção e cuidado quando enfrentamos uma experiência adversa. A pesquisadora norte-americana Kristin Neff é uma expoente na área e sugere que existem três elementos básicos na autocompaixão: a gentileza, a humanidade em comum e a atenção plena (*mindfulness*).

A gentileza ou autogentileza é, basicamente, sermos gentis, em vez de sermos intolerantes, em relação a nós mesmos. Somos incentivados a ser gentis com os outros e, frequentemente, esquecemo-nos de ser gentis quando se trata de nós mesmos. Como vivemos em uma sociedade competitiva, tendemos a nos cobrar constantemente, de forma muito contundente. Com a autogentileza, somos compreensivos conosco, o diálogo interno é amável e estimulante, em vez de duro e intolerante.

A percepção da humanidade em comum nos leva a compreender e a reconhecer que todos sofrem em algum momento da vida, cometem erros e falham algumas vezes. Ela nos leva a reparar que não estamos sozinhos em nossas imperfeições e permite que não nos sintamos isolados nos momentos de provação. Nesses momentos, tendemos a nos isolar e a ficar imersos em nossos problemas, esquecendo que outros também os têm. Percebendo a humanidade em comum, podemos corrigir essa tendência danosa.

A atenção plena, ou *mindfulness*, nos permite ter consciência sobre os nossos pensamentos e sentimentos negativos, reconhecendo que eles são apenas eventos mentais – não precisamos nos identificar automaticamente com eles –, e isso possibilita que os abordemos com equilíbrio e equanimidade.

Um conceito muito valorizado em nossa sociedade é o de autoestima. Procura-se incentivá-la e desenvolvê-la o mais precocemente possível no processo educacional. Porém, o excesso nessa prática pode ser contraproducente e levar, por exemplo, ao narcisismo, ao preconceito ou à prepotência. Por isso, é importante salientar que autocompaixão é diferente de autoestima, a qual envolve valores do tipo "bom" ou "mau" e implica constantes comparações com os outros. A autoestima é impulsionada pelo sentimento de se considerar melhor do que aqueles que nos rodeiam, e nos sentimos mal quando verificamos que isso, eventualmente, não acontece. A autocompaixão nos leva a reconhecer que somos seres humanos como todos os outros e, portanto, sujeitos a altos e baixos. Ela é uma forma de nos relacionarmos com nós mesmos e nos sustenta não só em nossos sucessos, mas também em nossas derrotas.

Aplicando a autocompaixão, deixamos de avaliar a nós mesmos o tempo todo, sentindo-nos superiores ou inferiores, e não precisamos, portanto, ser defensivos em relação ao que os outros estão pensando, ou reagir de forma agressiva quando nos contrariam. Pesquisas têm revelado que a autocompaixão alivia a ansiedade e a depressão e ajuda em situações difíceis, como lidar com a dor crônica. Além disso, promove as relações interpessoais. A autocompaixão nos auxilia a perceber que a imperfeição faz parte da natureza humana e nos faz mais tolerantes e compassivos em relação às deficiências alheias.

Muitas vezes, as pessoas resistem à autocompaixão porque supõem que ela nos torna autocomplacentes e, dessa maneira, deixaríamos de perseguir nossos objetivos. Contudo, ela nos permite, na verdade, estar mais à vontade para perseguir as metas que escolhemos, pois não temos tanto medo de falhar já que sabemos que podemos contar permanentemente com o próprio apoio. Isso nos confere resiliência, que nos ajuda a tentar de novo em vez de simplesmente desistir.

A autocompaixão pode ser desenvolvida por práticas como as sugeridas por Kristin Neff. Para isso, ver Apêndice, Prática 14.

EQUILÍBRIO EMOCIONAL

Mencionamos, na Introdução, que o equilíbrio emocional seria um dos pilares para a obtenção do bem-estar e consiste na capacidade de regular as emoções, sem excessos ou deficiências, em uma forma de ajustamento que conduz à serenidade. Com o equilíbrio emocional compreendemos as emoções como processos que ocorrem no cotidiano, que podem nos ajudar se soubermos como lidar com eles com equanimidade e ponderação. Pode ocorrer desequilíbrio por deficiência emocional quando há indiferença em relação às pessoas e ao ambiente social. Por sua vez, na hiperatividade emocional, os sentimentos estão exaltados, fazendo as emoções tomarem conta dos funcionamentos cognitivo e executivo, resultando na submissão aos apegos ou às aversões. A prática meditativa nos ajuda a encontrar o equilíbrio emocional.

Práticas de meditação recomendadas (ver Apêndice):

3 Meditação de atenção plena com a respiração
6 Meditação da amorosidade *(loving-kindness meditation)*
7 Meditação da gratidão
13 Amorosidade: assim como eu
14 Uma sessão de autocompaixão

RESUMINDO

Quase todas as chamadas emoções básicas costumam ser consideradas negativas, com exceção da alegria. Durante muito tempo, as emoções positivas foram negligenciadas pela ciência, pois a psicologia estava mais interessada nos transtornos e no sofrimento mentais. Na virada do século, os psicólogos começaram a se dedicar aos estados mentais benéficos e as emoções positivas começaram a ser mais compreendidas. Existem dezenas de emoções positivas, como admiração, curiosidade, diversão, esperança, gentileza, compaixão ou gratidão, e todas são muito importantes no dia a dia, pois dão sabor à existência.

A alegria é a emoção positiva mais notória, e o sorriso é sua expressão mais evidente. Contudo, outros elementos, como a expressão corporal, o tom de voz e o toque, também são importantes, particularmente nas nossas relações sociais, pois criam ressonâncias emocionais positivas. Um sorriso geralmente pede um sorriso de volta e cria empatia. O toque suave aumenta a intimidade e muitas vezes gera segurança e tranquilidade. Com frequência, não nos damos conta disso no cotidiano, e prestar atenção a essas ressonâncias positivas pode ser tranquilizador e reconfortante. Elas criam vínculos, promovem intimidade e confiança nas relações familiares e até nas interações profissionais.

Na sociedade tecnológica em que vivemos, perdemos a oportunidade de usufruir de muitas dessas interações, que costumam ocorrer nos relacionamentos face a face. A comunicação eletrônica, sobretudo via texto, é muito pobre emocionalmente, e os *emoticons* não ativam o cérebro da mesma maneira. Um telefonema é melhor que o texto, porque tem a vantagem da voz e suas variações, e uma ligação de vídeo traz ainda outros aspectos importantes. No entanto, o melhor mesmo é interagir pessoalmente, como fica claro nos momentos de distanciamento social impostos, por exemplo, por uma pandemia.

Todas as emoções são importantes, tanto as negativas quanto as positivas, mas elas desempenham papéis diferentes no cotidiano. As emoções chamadas negativas em geral aparecem em situações desafiadoras. Elas estreitam o foco atencional e mobilizam nossos recursos para resolver imediatamente determinada situação. Já as emoções positivas ocorrem em situações em que nos sentimos confortáveis, ampliando a consciência e o foco de atenção, que nos levam a adquirir recursos para o futuro, em uma perspectiva de longo prazo. As emoções negativas nos preparam para lutar ou fugir. As emoções positivas indicam ausência de ameaças e nos convidam a aproximar e a interagir.

As emoções positivas nos impulsionam para atividades necessárias para a sobrevivência pessoal e de nossa espécie como, por exemplo, a interação social, o relacionamento sexual e a criação das crianças. Sabemos que as emoções positivas liberam neurotransmissores no cérebro que regulam essas condutas. Um abraço afetuoso, por exemplo, libera oxitocina, uma substância que auxilia na criação de vínculos familiares e promove a confiança nas interações sociais. As emoções positivas também promovem a saúde física e mental, causando a sensação de bem-estar, e existem indicações de que elas podem, inclusive, aumentar a longevidade.

Já vimos que as emoções negativas ativam o sistema nervoso simpático e a reação de "lutar ou fugir", que pode levar ao estresse observado no dia a dia. As emoções positivas, ao contrário, ativam o parassimpático e a reação de "acalmar e interagir". O nervo vago, principal nervo do parassimpático, é também o principal condutor das informações viscerais para o cérebro. Nas emoções positivas, ocorre um aumento da atividade do nervo vago e dizemos que há um aumento do tônus vagal. É bom lembrar que existem estudos mostrando que, durante a prática meditativa, ocorre um aumento do tônus vagal, com as vantagens das emoções positivas já mencionadas.

Se as emoções positivas podem nos trazer benefícios, deveríamos estar mais atentos a elas. Curiosamente, no entanto, prestamos muito mais atenção às emoções negativas. O cérebro é programado para isso, porque durante a evolução biológica sempre foi mais importante perceber as ameaças, que poderiam comprometer a própria vida, do que perceber as oportunidades, que não têm o potencial de causar dano. Temos, portanto, o viés da negatividade. Por isso, ao final do dia, nos lembramos muito mais dos momentos difíceis ou das críticas que recebemos do que dos momentos agradáveis e dos incentivos que nos foram oferecidos. O psicólogo Rick Hanson sugeriu que temos velcro para as experiências negativas e Teflon para as positivas: nos agarramos nas primeiras e deixamos passar as segundas.

As emoções negativas nos mobilizam de forma aguda, mas as emoções positivas são mais sutis e podem passar despercebidas. No entanto, as emoções positivas podem ser frequentes, sob a forma de pequenas coisas que estão à nossa volta – o sorriso das crianças, um banho relaxante, o aroma de uma bebida ou comida de que gostamos, um pôr do sol deslumbrante, uma interação positiva em nossas relações familiares ou sociais. Para desfrutar melhor das emoções positivas, é preciso prestar atenção nessas pequenas coisas. E, em sua presença, podemos ativar a emoção: tomar conhecimento dela, observar a sensação corporal, expressar essa emoção e, também, mobilizar nossa gratidão por estar vivendo aquele momento. Com isso, percebemos melhor, intensificamos e prolongamos as emoções positivas que sentimos.

Mindfulness, ou atenção plena, nos ajuda a perceber o momento presente, nos leva a descobrir com mais frequência as emoções positivas. Há outra meditação, um pouco diferente, que impulsiona e estimula os sentimentos positivos: a meditação da amorosidade (*loving-kindness meditation*). Nesse tipo de prática, dirigimos pensamentos e sentimentos de boa vontade para nós mesmos e para outras pessoas e isso impulsiona o aparecimento de emoções positivas.

Existem comprovações de que essa prática, a exemplo do que ocorre com *mindfulness*, também atua na neuroplasticidade e modifica o funcionamento cerebral. Podemos, na verdade, treinar a gentileza, a amorosidade e a compaixão. A boa notícia é que isso é bom para nós mesmos: aumenta a sensação de bem-estar, melhora as interações sociais e protege a saúde física e mental. O aumento das emoções positivas pode levar a uma espiral positiva que conduz a um florescimento emocional.

Na verdade, as emoções positivas se contrapõem às negativas e são uma maneira eficiente de evitá-las ou amenizá-las. A gratidão, por exemplo, tem sido muito pesquisada e se mostrado uma maneira efetiva de combater a tristeza, a frustração e os sentimentos negativos de modo geral. Também a compaixão e a autocompaixão são importantes.

A compaixão é o sentimento benigno em relação a alguém que está sofrendo, acompanhado de um desejo sincero de contribuir para minorar ou eliminar esse sofrimento. Muitas vezes, as pessoas confundem compaixão com o sentimento de pena, que não é a mesma coisa. Quando estamos com pena, nos colocamos em uma situação superior e nem sempre estamos dispostos a ajudar.

Outras vezes, confunde-se compaixão com empatia, que é a capacidade de se identificar com os sentimentos de outra pessoa. A empatia é importante para a compaixão, mas na compaixão há o desejo de aliviar o sofrimento, o que nem sempre está presente na empatia. Além disso, pode haver empatia com as emoções positivas de outra pessoa e a compaixão ocorre na presença do sofrimento. Pesquisas neurobiológicas têm mostrado que o processamento da empatia se faz de forma diferente da compaixão. Outro aspecto importante é que, na empatia com o sofrimento, pode ocorrer estresse e um enorme desgaste emocional, mas isso geralmente não ocorre com a compaixão. Na verdade, a compaixão é benéfica para quem é generoso, pois diminui o estresse e aumenta a atividade em centros nervosos relacionados com a sensação de bem-estar.

Para desenvolver compaixão, a meditação da amorosidade (*loving-kindness meditation*) é um instrumento muito eficaz. Já sabemos que ela impulsiona os sentimentos positivos, e os meditadores experientes nessa prática geralmente apresentam um estado de bem-estar acima da média.

A compaixão pode ser voltada para nós mesmos, nos momentos em que enfrentamos uma experiência adversa. A pesquisadora e psicóloga Kristin Neff descreve três elementos básicos na autocompaixão: a gentileza, a humanidade em comum e a atenção plena (*mindfulness*). A autogentileza é importante porque frequentemente somos gentis com os outros, mas esquecemos de estender essa gentileza a nós mesmos, fazendo cobranças constantes, muitas vezes de forma intolerante. A humanidade em comum nos convida a reconhecer que todos os seres humanos sofrem em algum momento da vida e cometem falhas. Isso ajuda a não nos isolarmos nos momentos de sofrimento, o que leva a aumento do estresse. Por fim, a prática de *mindfulness* permite examinar com abertura e curiosidade nossas emoções e pensamentos negativos, não nos identificando automaticamente com eles.

6 A MOTIVAÇÃO E SUA REGULAÇÃO

O que determina nosso comportamento, nossas ações e nossos objetivos de curto e de longo prazos? Quais são os motivos que impulsionam nossa existência? A motivação, para a psicologia e para as neurociências, é exatamente o conjunto de processos pelos quais o comportamento é iniciado, dirigido e sustentado.

Os fatores que regulam a motivação podem estar ligados a necessidades básicas como alimentação, sexo, entre outros, mas também a fatores psicológicos, relacionados com os objetivos que as pessoas estabelecem para si ao longo de sua existência. Esses fatores originam e regulam estados motivacionais e comportamentos que visam promover a sobrevivência, a reprodução e, de modo mais generalizado, a sensação de realização dos indivíduos.

Todos os animais têm processos regulatórios destinados a manter um equilíbrio interno necessário à sobrevivência: é o que chamamos de homeostase. No caso dos vertebrados, os sistemas nervoso e endócrino regulam esses processos, que funcionam de maneira autônoma, ou seja, independentemente do controle voluntário ou dos processos conscientes. Uma pequena região localizada no centro do cérebro – o hipotálamo – é o principal responsável pela manutenção da homeostase e, consequentemente, por muitos fatores motivacionais reguladores.

Porém, as pessoas têm também motivos intencionais e objetivos que desenvolvem para si e suas comunidades. Eles estão ligados a necessidades psicossociais como, por exemplo, autoestima, poder ou autorrealização. Essas metas são associadas a condutas imediatas ou a intenções comportamentais de longo prazo e podem ser tanto conscientes quanto atuar de forma que escapa ao controle da consciência e, ainda assim, influenciar no comportamento, como vimos no Capítulo 2, em que tratamos dos processos cognitivos.

No cérebro humano, o córtex pré-frontal, juntamente com o cíngulo anterior, estão envolvidos na elaboração de objetivos e de planos e estratégias para alcançá-los (Fig. 6.1). Essas regiões fazem parte de circuitos nervosos que são importantes para a tomada de decisão, e lesões localizadas nesses locais podem levar a apatia e ausência de iniciativa. É interessante lembrar que essas estruturas e circuitos controlam, também, a atenção executiva, necessária para alcançar os objetivos formulados, ou seja, para a autorregulação (ver Cap. 1 e Fig. 1.1).

Em nossa espécie, a maioria dos comportamentos motivados envolve a aprendizagem, em cuja regulação estão envolvidos os chamados circuitos cerebrais de recompensa, dos quais trataremos a seguir. Em uma perspectiva evolutiva, os comportamentos que levam à sobrevivência e à reprodução estão ligados à gratificação sinalizada naqueles circuitos e são tidos geralmente como prazerosos.

Os circuitos de recompensa, ou gratificação, foram identificados em meados do século passado, nos Estados Unidos, em um experimento em que pesquisadores implantavam minúsculos eletrodos em algumas regiões do cérebro de ratos e os colocavam em uma caixa onde existia uma pequena alavanca. Ao acionar a alavanca, os ratos provocavam a passagem de uma diminuta corrente elétrica em seus cérebros. Descobriu-se que, dependendo do local onde se encontravam os eletrodos, os animais passavam a se autoestimular continuamente e prefeririam essa estimulação ao acesso a alimento ou água, mesmo quando estavam com fome ou sede. Os pesquisadores concluíram que a estimulação deveria ativar um sistema de recompensa cerebral e

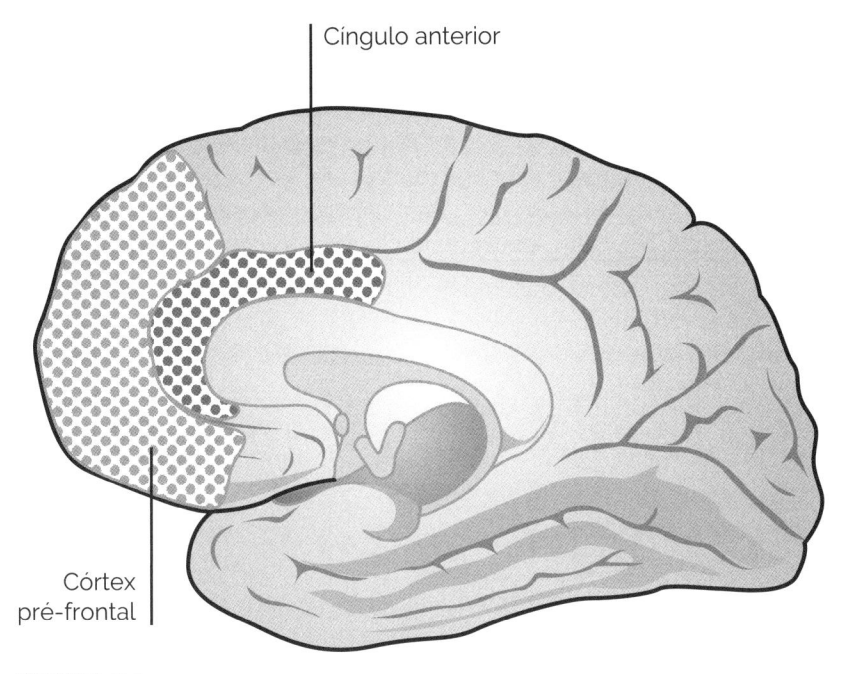

FIGURA 6.1
Visão medial de hemisfério cerebral, vendo-se as regiões corticais pré-frontal e do giro do cíngulo.

que esse sistema seria importante para a tomada de decisão. Verificou-se, posteriormente, que nos locais que levavam a esse comportamento ocorria a liberação de um neurotransmissor, a dopamina, que passou a ser considerada como ligada à sensação de prazer (Fig. 6.2).

Hoje, sabemos que a liberação de dopamina assinala, na verdade, a iminência de uma gratificação e isso promove o desencadeamento de ações que visam à obtenção dessa recompensa. A dopamina não provoca uma sensação de prazer, mas gera uma promessa de que algo interessante está prestes a ocorrer – a sinalização não é equivalente ao "eu gosto" e poderia mais propriamente ser traduzida como "eu quero". Essa sinalização é encaminhada a outros centros nervosos que desencadeiam as condutas destinadas a obter aquela gratificação. Os comportamentos ligados a uma gratificação tendem a se repetir, ocorrendo, então, uma aprendizagem, representada no sistema nervoso pela reorganização dos circuitos que sustentam esses comportamentos.

Os circuitos de recompensa são importantes para compreendermos o fenômeno da motivação. Eles têm a função de iniciar e manter os comportamentos essenciais para a sobrevivência dos indivíduos e da espécie. Porém, são circuitos inespecíficos, que podem ser ativados por inúmeras gratificações, podendo, por isso, ser sequestrados para outros fins. As drogas de abuso, como a cocaína, atuam nas sinapses dopaminérgicas e daí vem o forte impulso – a motivação – de consumi-las continuamente. No mundo contemporâneo, existem muitos estímulos que podem ativar esse sistema, o que leva, eventualmente, a comportamentos indesejáveis. Os jogos (eletrônicos ou não), por exemplo, têm alto potencial de ativar esses circuitos, pois são capazes de apresentar gratificações imediatas e, por isso, podem levar ao vício as pessoas mais vulneráveis.

Nesse contexto, é bom lembrar que o comportamento animal foi moldado, ao longo da evolução, para interagir com o ambiente de modo a satisfazer as necessidades do organismo em um contexto espacial e temporal limitado. Na maior parte do tempo, o comportamento é regulado pelas circunstâncias do aqui e do agora. Circuitos nervosos especializados detectam a presença de uma gratificação – alimento, água,

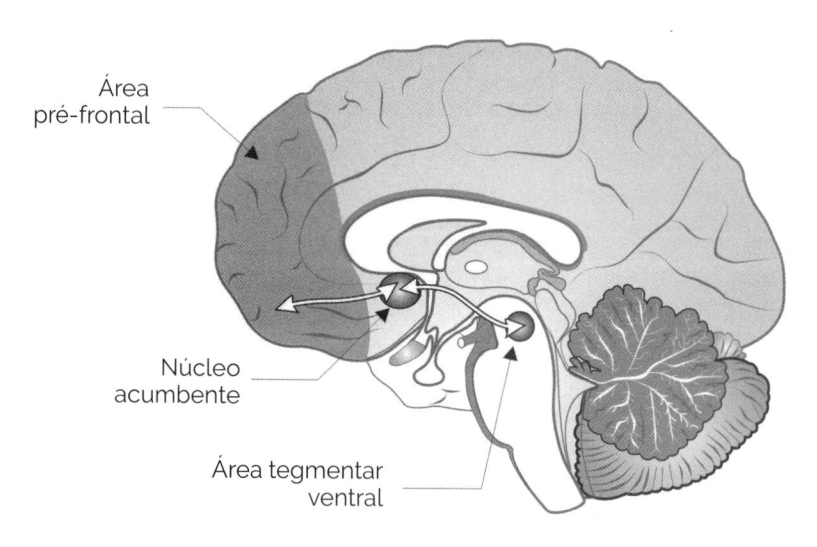

FIGURA 6.2
O "circuito da recompensa", no encéfalo, cujos pontos nodais se localizam em três estruturas: a área tegmentar ventral, o núcleo acumbente, que fica situado na base do cérebro, e o córtex pré-frontal.
Fonte: Cosenza (2015).

um parceiro sexual – e iniciam as condutas necessárias para a sua obtenção. Evolutivamente, os animais tendem a agir de maneira a satisfazer suas conveniências imediatas, sem a preocupação com um futuro mais distante.

No cérebro humano, contudo, o desenvolvimento do córtex pré-frontal originou a capacidade de projetar as consequências dos atos no futuro, bem como de avaliar as alternativas disponíveis para a obtenção dos objetivos, inclusive aqueles de longo prazo. Funcionamos, então, com os processamentos primitivos, como os existentes no cérebro de outros vertebrados para a obtenção dos propósitos imediatos, e, ao mesmo tempo, possuímos um equipamento que permite raciocinar em função de metas que se encontram no futuro mais distante. Entre as funções pré-frontais, inclui-se a capacidade de adiar a gratificação imediata em nome de objetivos maiores. Trata-se de um dos pilares da capacidade de autorregulação, que permite definir de forma deliberativa quais são as metas mais importantes e sustentar a conduta necessária para alcançá-las.

Como vimos no Capítulo 2, podemos considerar dois tipos de processamento cognitivo funcionando todo o tempo no cérebro: o tipo 1 (T1), mais antigo e autônomo, e o tipo 2 (T2), mais moderno e responsável pelas decisões conscientes. Muitas vezes, nossa conduta irá depender de um processo competitivo entre esses dois processamentos, de tal forma que, ao final, "o vencedor leva tudo" e, por isso, as decisões podem não ser racionais no sentido de se atingir o melhor objetivo.

O cérebro tende a valorizar as gratificações imediatas e quanto mais temos que esperar por uma recompensa, menos valor ela parece ter. Experiências mostram, por exemplo, que se perguntamos a um grupo de pessoas se elas preferem R$1.000,00 daqui a seis meses ou R$1.200,00 daqui a sete meses, a maioria irá preferir a quantia maior embora mais distante: uma escolha bastante racional. Se, no entanto, perguntamos se preferem R$1.000,00 agora ou R$1.200,00 daqui a um mês, observaremos uma mudança na escolha: a maioria opta pela quantia imediata, ainda que menor (Fig. 6.3). Ocorre uma mudança de preferência, embora o período de espera seja o mesmo nos dois casos.

Como pode ser observado na Figura 6.3, a mudança de escolha ao longo do tempo apresenta uma curva com um formato hiperbólico e, por isso, esse viés cognitivo leva o nome de "desconto hiperbólico". Tendemos a pensar em termos de um "desconto" em relação ao futuro: comer, beber, comprar e outras tentações têm um atrativo muito maior no presente do que esses atos ou suas consequências mais distantes no futuro. Por isso, em geral preferimos uma gratificação imediata, ainda que pequena,

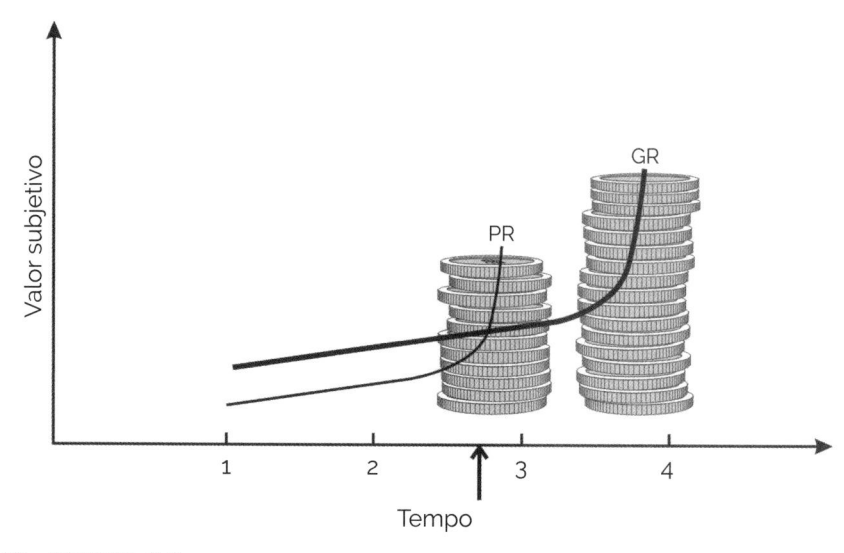

FIGURA 6.3
Uma pequena recompensa (PR) a ser recebida em um momento anterior a uma recompensa maior (GR) é percebida como tendo menos valor, até que esteja suficientemente próxima no tempo, quando a percepção se inverte (seta) e ela passa a ser considerada mais desejável.
Fonte: Cosenza (2015).

ao invés de uma gratificação maior, um pouco mais afastada no tempo. Essa forma de escolha foi muito útil na maior parte da existência de nossa espécie, quando o ambiente e o futuro eram muito incertos – daí deriva o provérbio "Mais vale um pássaro na mão que dois voando". Em termos de evolução animal, para nossos antepassados sempre foi melhor uma banana na mão do que um cacho de bananas do outro lado do rio ou no alto da colina.

Contudo, no mundo moderno, a escassez não é a norma e, com o excesso de estimulações de que dispomos, tornamo-nos a civilização da gratificação imediata, o que traz problemas como obesidade, ímpeto para o uso contínuo de jogos eletrônicos ou das redes sociais informatizadas, compras por impulso e até impaciência generalizada, uma incapacidade para esperar pelas coisas em seu tempo, que pode chegar ao uso da violência.

OS VALORES E A BUSCA DA FELICIDADE

A motivação envolve, então, impulsos ou intenções de curto prazo – necessidades e desejos – que determinam comportamentos imediatos, mas compreende também objetivos mais abstratos, que determinam comportamentos de longo prazo: os valores, aquilo que consideramos realmente importante, que dão direção à nossa vida e, eventualmente, trazem o sentimento de autorrealização e de sentido à nossa existência. Acontece que, no cotidiano, frequentemente estamos funcionando no "piloto automático", o que impede o acesso à origem da motivação de nossos atos e leva a comportamentos autônomos e a vieses cognitivos, que muitas vezes nos afastam dos valores reais.

Quando vivemos de acordo com nossos valores, tendemos a nos sentir mais satisfeitos e felizes. Portanto, é importante ter consciência de quais são eles, pois só assim é possível planejar conscientemente nossas ações e ser capaz de tomar as decisões mais acertadas ao longo da vida. Em geral, somos conduzidos pelos valores apreciados em nosso ambiente cultural ou pelas religiões, que enfatizam princípios que acompanham os diferentes grupos humanos desde tempos imemoriais. Essas normas nos impregnam desde o nascimento e são seguidas automaticamente. Contudo, é importante examinarmos conscientemente e questionarmos esses valores, a fim de descobrir se são princípios em que realmente acreditamos. A partir daí podemos desenvolver uma ética pessoal que guie de maneira razoável as decisões para a obtenção de uma vida satisfatória e plena.

Porém, o que caracteriza uma vida satisfatória? Como devemos orientar nossa conduta para ter uma vida plena? Certamente, diferentes pessoas têm diferentes respostas a essas perguntas, mas existe um objetivo que em geral é comum a todos: queremos estar bem e ser felizes. Portanto, somos motivados para a busca da felicidade. Seria possível buscar e manter a felicidade? O que torna as pessoas felizes?

Em artigo publicado nos anos de 1990, utilizando-se de questionários respondidos por gêmeos, Lykken e Tellegen, dois psicólogos norte-americanos, chegaram à surpreendente conclusão de que o fator mais importante para o sentimento subjetivo da felicidade é um forte componente genético. Ou seja, quanto ao bem-estar, as pessoas nasceriam com um padrão ou ponto de ajuste, no qual tenderiam a permanecer ao longo da vida, embora variações eventuais sejam possíveis. O que se observa nas pesquisas é que a maior parte das pessoas relata estar feliz, mas algumas se sentem mais ou menos felizes e tendem a se manter nesse ponto de ajuste por influência de seus genes.

Alguns anos depois, em 2005, em um artigo muito citado em meios leigos e científicos, outros pesquisadores chegaram à conclusão de que a sensação de felicidade dependeria principalmente de três fatores: 1) a determinação genética; 2) as circunstâncias externas (como riqueza, beleza, poder, etc.); e 3) as atividades e condutas pessoais que levam à sensação de felicidade. Esses autores propuseram ainda uma proporção para cada um desses aspectos: 50% para os fatores genéticos, 10% para as circunstâncias externas e 40% para as atividades voluntárias.

Ao longo do tempo, novos estudos mostraram que, apesar de aqueles fatores serem realmente importantes, a determinação genética, embora preponderante, é bastante maleável, dependendo da manifestação ou não dos genes correspondentes, os quais sofrem influências das condições externas e do comportamento de cada um. Em contrapartida, parece claro que não se pode determinar com exatidão qual a importância proporcional dos diferentes aspectos.

Uma conclusão, contudo, é suficientemente clara: se não podemos controlar as influências genéticas ou as circunstâncias externas com as quais nascemos, existe espaço para modificar a própria sensação de felicidade por meio de atitudes e condutas escolhidas voluntariamente. Dito de outra maneira: nossas atividades ao longo da vida têm um efeito fundamental no bem-estar subjetivo, independentemente das influências genéticas ou das circunstâncias externas nas quais nos encontramos.

HEDONISMO E EUDEMONISMO

O que seria realmente a felicidade, ou quais seriam os fatores determinantes para que as pessoas se sintam felizes? Para essas perguntas, também, existem diferentes respostas, mas há uma ideia recorrente em nossa cultura: a de que existem dois tipos diferentes de felicidade: a hedônica e a eudemônica.

Aristóteles, embora não tenha sido o criador dessa ideia, parece ter sido um dos primeiros a caracterizar esses dois tipos de bem-estar: a felicidade hedônica está ligada aos prazeres dos sentidos e aos bens materiais, ou seja, ela é dependente da presença de estímulos externos, daquilo que recebemos do mundo. Já a felicidade eudemônica resulta de um engajamento positivo na existência, que levaria a condutas que tendem a fornecer algo ao mundo em que vivemos. Para Aristóteles, *eudaimonia*, a felicidade verdadeira, não estaria em satisfazer os apetites sensuais e materiais, mas nas atividades virtuosas do espírito (*daimon*) que existe em nós – a ânsia de atingir o que há de melhor em nós mesmos. Trata-se do ideal grego do "Conheça-te a ti mesmo e transforma-te no que és", ou seja, descobrir os próprios talentos (o *daimon* interno) e trabalhar para torná-los realidade.

Dessa maneira, a experiência de bem-estar comporta mais de uma condição. Uma delas é o hedonismo, a experiência dos prazeres sensoriais e das emoções positivas. Outra é o eudemonismo, caracterizado pelas experiências e condutas que transcendem as gratificações externas imediatas e levam as pessoas a se conectarem a objetivos maiores, como os propósitos, os valores, a colaboração e as interconexões sociais. Hedonismo e eudemonismo são distinguíveis pela ênfase no eu ou no nós, no transitório ou no durável, no comportamento autocentrado e naquele voltado ao interesse coletivo, no receber e no fornecer. Podemos dizer que o primeiro tem a ver com o estar bem e o segundo com o fazer o bem. O hedonismo é marcado pela busca da gratificação imediata, com um foco em si mesmo. A prioridade são os próprios interesses e experiências, norteados pela satisfação pessoal. Já o eudemonismo é definido como a meta final a que todos aspiram, a busca do autoaperfeiçoamento, que é indissociável das inter-relações sociais.

A questão das gratificações imediatas *versus* as gratificações de longo prazo – entre o impulso automático e a conduta deliberativa – nos remete aos dois sistemas de processamento cognitivo que já conhecemos: o processamento rápido (T1) avalia apenas se os estímulos são prazerosos ou aversivos, enquanto o sistema lento (T2) está baseado no pensamento deliberativo e leva em conta os valores, as metas de longo prazo. A atenção executiva é importante na regulação desses dois tipos de comportamento, pois sabemos que ela promove o processamento T2 e permite fugir da conduta baseada no "piloto automático". Portanto, ela favorece o eudemonismo em detrimento do hedonismo.

O hedonismo é frequentemente criticado e visto de forma negativa: é associado a condutas inconvenientes, como a autoindulgência, a ganância e a luxúria. Em geral não estamos satisfeitos quando não temos os estímulos externos que trazem prazer ou temos medo de perdê-los, quando estamos de posse deles. Além disso, a busca desses prazeres de forma acrítica com frequência leva ao desejo de sempre querer mais, mesmo quando se tem o suficiente para uma vida confortável. Mais ainda, como as estimulações externas são sempre transitórias, o bem-estar hedônico é necessariamente fugaz.

Essas considerações nos levariam a pensar que o melhor, invariavelmente, seria optar pelo eudemonismo. Contudo, o hedonismo envolve também prazeres simples e emoções positivas corriqueiras que podem ser derivadas de interações, como no caso da gratidão, da curiosidade e da compaixão. Como vimos no Capítulo 5, essas experiências são saudáveis e expandem a consciência de modo a levar a condutas eivadas de propósito e significado, ou seja, o eudemonismo é também um estado derivado das emoções positivas. Portanto, não se trata de uma escolha dicotômica, pois ambos estão dinamicamente interligados e contribuem de maneira complementar para o bem-estar e para o florescimento ou crescimento pessoal.

Apesar de o debate usual entre hedonismo e eudemonismo colocar o prazer em contraponto com o esforço para ser virtuoso, esses ideais não são necessariamente opostos, pois existem muitas atividades virtuosas que dão prazer e muitos prazeres que são virtuosos. A teoria da expansão e construção (ver Cap. 5) propõe que os estados emocionais positivos (como alegria, gratidão, ou compaixão) expandem a consciência e constroem recursos, e, entre eles, estão as habilidades eudemônicas. Por sua vez, viver de acordo com os valores e perseguir um propósito em geral conduz a um estado de bem-estar ou contentamento hedônico. Em síntese, a felicidade hedônica e a felicidade eudemônica não são mutuamente exclusivas; elas influenciam uma à outra e ambas têm, inclusive, fontes que são comuns, como as conexões sociais.

As pessoas, contudo, tendem a identificar a felicidade com as sensações de prazer e isso, na verdade, é uma visão empobrecida da realidade. Mesmo os estudos científicos amiúde referem o bem-estar com foco nos processos hedônicos, deixando de lado a tradição eudemônica. O bem-estar subjetivo costuma ser abordado nas pesquisas indagando às pessoas se elas, subjetivamente, estão bem. Um nível alto de afeto positivo e um nível baixo de afeto negativo levariam à satisfação com a própria vida – isso seria a felicidade. Contudo, em outra perspectiva, haveria necessidade de considerar também se elas estão vivendo de acordo com seu potencial, se estão em um movimento de autorrealização. O bem-estar não seria, nesse caso, um estado final, mas um processo que conduziria a realizar a verdadeira natureza de cada um.

A psicóloga Carol Ryff tem se dedicado a estudar o bem-estar do ponto de vista eudemônico e sugere que ele se fundamenta em seis componentes básicos: autonomia, crescimento pessoal, domínio ambiental, propósito na vida, relacionamento positivo e autoaceitação, os quais são examinados a seguir.

AUTONOMIA

Capacidade de autodeterminação, de resistir a pressões sociais e viver de acordo com os próprios valores, de dirigir a própria existência segundo as convicções pessoais. Não confundir com individualismo ou independência. Há respeito pelo coletivo, pela interdependência, mas com uma postura crítica que permite fugir do conformismo, do viés de grupo e das pressões sociais indevidas.

CRESCIMENTO PESSOAL

Capacidade de desenvolvimento contínuo e de abertura para novas situações. Busca de autorrealização e autodesenvolvimento ao longo de toda a vida. Esforço pessoal dirigido de maneira que os próprios talentos e potencial sejam postos em prática.

DOMÍNIO AMBIENTAL

Capacidade de escolher e/ou criar os ambientes mais adequados para a própria saúde, física e mental. Habilidade de manipular e controlar ambientes complexos utilizando as oportunidades existentes, por meio de aptidões físicas e mentais. Percepção de controle e eficácia no envolvimento com as situações vivenciadas.

PROPÓSITO NA VIDA

Capacidade de estabelecer objetivos e perceber um sentido no presente e no passado. Engajamento com a própria existência, que é percebida como tendo um propósito e uma direção. Percepção das metas e dos propósitos que caracterizam as diferentes fases da vida.

RELACIONAMENTO POSITIVO

Capacidade de relacionar-se com as pessoas de forma aberta e confiante, de criar intimidade e empatia. Competência para desenvolver amor e afeto, que podem se estender a toda a humanidade. Habilidade para estabelecer conexão e vínculo com as pessoas e de dirigi-las de forma positiva, quando for o caso.

AUTOACEITAÇÃO

Capacidade de conhecer-se e ter uma atitude positiva em relação a si mesmo, com aceitação das próprias limitações. Sentimento positivo de aceitação em relação ao passado. Não se confunde com a autoestima, pois há tolerância tanto com as próprias fraquezas quanto com os próprios talentos.

Carol Ryff relata que esses componentes foram selecionados não só a partir da proposição original de Aristóteles, mas também utilizando-se os trabalhos de vários pesquisadores e pensadores do século XX, como Abraham Maslow, Victor Frankl, Carl Rogers, Carl Jung, Erik Erikson, etc. As escalas e os instrumentos para mensurar e pesquisar esses componentes, elaborados por ela e seus colaboradores, têm sido largamente utilizados em estudos científicos, com aplicações em muitas áreas da psicologia e das neurociências. Embora outros estudiosos apresentem perspectivas diferentes para o estudo do eudemonismo, esses componentes básicos têm sido úteis para compreendê-lo.

A ciência demonstrou seguidamente, nos últimos anos, que a saúde humana não pode ser considerada apenas a partir de um modelo biomédico, fundamentado na contraposição à doença. É preciso considerar também os aspectos emocionais, sociais e mesmo espirituais que contribuem para a preservação e a melhoria das condições de salubridade dos indivíduos. E, nesse contexto, muitas evidências mostram que a sensação de bem-estar está ligada com a saúde humana: eudemonismo e hedonismo devem ser levados em conta na promoção da saúde. Esses dois tipos de experiência estão, na verdade, interconectados e são fatores que contribuem para a saúde física e o florescimento mental. Os trabalhos de Barbara Fredrickson e colaboradores mostram que as experiências eudemônicas, em especial, estão ligadas à expressão de genes importantes para a manutenção da saúde e à resistência a doenças no cotidiano. O hedonismo, ainda que não tenha exatamente os mesmos efeitos, também contribui para a saúde física e mental e, como vimos, cria energias e recursos para a emergência das habilidades eudemônicas.

O eudemonismo é benéfico também em outros aspectos: indivíduos com um propósito se envolvem em comportamentos saudáveis e evitam comportamentos de risco. Há dados indicando outros efeitos favoráveis, como melhor regulação fisiológica, níveis inferiores de hormônios do estresse e marcadores da inflamação, melhor regulação da glicose e diminuição de riscos cardiovasculares. No processo de envelhecimento, ele é importante na manutenção das funções cognitivas – com redução, portanto, do risco de doença de Alzheimer e outras demências – e parece, inclusive, promover aumento da longevidade. O bem-estar também tem correlações positivas com o funcionamento do cérebro. Está associado a maior ativação do córtex frontal esquerdo, menor ativação da amígdala e aumento da espessura do córtex da ínsula. Podemos esperar, portanto, melhor regulação emocional e aumento da capacidade de empatia.

Desse modo, poderíamos dizer que existem dois fatores básicos para a felicidade, ou para o bem-estar: os sentimentos de prazer e de propósito na existência. É essa também a tese do psicólogo e pesquisador britânico Paul Dolan, que afirma que uma vida feliz é aquela na qual existe um bocado de sentimentos de prazer e de propósito, da mesma maneira que uma vida infeliz é marcada pela preponderância de sentimentos negativos de desprazer e de falta de propósito. Ao longo da existência, existem momentos prazerosos mesmo que fúteis, como assistir relaxadamente a uma comédia na TV, e momentos que podem não ser prazerosos, como cuidar de um ente querido enfermo, mas que são plenos de significado ou propósito. O predomínio de momentos positivos em relação aos negativos definiria, de acordo com muitos estudiosos, uma existência feliz.

MEDITAÇÃO E EUDEMONISMO

Trabalhos científicos mostram que a prática de *mindfulness* tem efeitos no raciocínio moral e ético e promove o aumento do bem-estar eudemônico. Garland e colaboradores procuram compreender como esse processo ocorre, lembrando que *mindfulness*, na tradição budista, não operava em um vácuo de simples observação, mas era voltada para a construção de estados eudemônicos. Os autores introduzem a teoria denominada *Mindfulness* para o sentido (*Mindfulness to meaning theory*), que propõe que a atenção plena introduz flexibilidade nas avaliações cognitivas (*appraisals*), possibilitando uma nova forma de ver as adversidades e de desfrutar as experiências positivas. Essa flexibilidade permitiria, ainda, perceber que mesmo experiências aversivas podem proporcionar transformação e crescimento. A atenção ao momento presente leva, além disso, ao aumento da capacidade de saborear e reconhecer as experiências positivas, o que impulsiona o sentimento de bem-estar. Tudo isso conduz a um aumento da capacidade de perceber sentido na existência, impulsionando o engajamento na vida.

Mindfulness, ou atenção plena, em geral é definida como uma prática que deixa de lado os julgamentos, e afirmar que ela acarreta uma reavaliação parece contraditório. Como o treinamento da atenção poderia fazer isso? Já vimos que as emoções negativas restringem o foco atencional, mas as emoções positivas o expandem, permitindo descobrir opções mais agradáveis. *Mindfulness* possibilita perceber essas alternativas por promover um distanciamento, tanto dos pensamentos quanto dos sentimentos, os quais são percebidos apenas como processos e eventos, mentais e corporais. Ela possibilita que a atenção seja voltada para a própria consciência e não para o seu conteúdo, permitindo descortinar um panorama amplo, em vez de um único detalhe. Pode-se "deixar de lado" as avaliações automáticas e seus reflexos emocionais. Esse desapego, ou distanciamento psicológico, possibilita encontrar um sentido, mesmo nos eventos negativos. Nesse processo, o bem-estar hedônico e o bem-estar eudemônico podem interagir, criando uma espiral ascendente de sentimentos positivos: um florescer constituído de bem-estares hedônico e eudemônico ao mesmo tempo.

Outra forma de impulsionar o bem-estar eudemônico é por meio da meditação da amorosidade (*loving-kindness meditation*). Esse tipo de prática aumenta a experiência das emoções positivas e, ao mesmo tempo, expande as habilidades eudemônicas (propósito na vida, autoaceitação, relações interpessoais) que, por sua vez, impulsionam as emoções positivas. Ocorre uma somação recíproca, também propiciando uma espiral dinâmica positiva que leva aos florescimentos emocional e mental.

AS INTERAÇÕES SOCIAIS

Quando prestamos atenção nos momentos que proporcionam uma vida mais satisfatória, percebemos que com frequência eles envolvem as interações sociais e com a natureza. Isso nos convida a cultivar valores e condutas que impulsionam sentimentos como gentileza, compaixão, colaboração e altruísmo, e nos leva a perceber a profunda interdependência que caracteriza nossa estadia no planeta.

Poucas atividades são mais carregadas de sentido, ou propósito, do que as inter-relações pessoais. Além disso, elas podem e costumam ser muito prazerosas. Portanto, é importante incorporar entre nossos valores o estabelecimento de conexões sociais fortes e significativas. Aliás, o relacionamento positivo é um dos componentes do bem-estar eudemônico, como proposto por Carol Ryff.

Costuma-se pensar que a evolução biológica é baseada na competição e na sobrevivência do mais forte. Tendemos a acreditar que a "natureza humana" é sinônimo de violência, egoísmo e agressão, que seriam o nosso legado evolutivo. Porém, o processo evolutivo baseia-se também na colaboração, o que costuma ser menos notado. Em todos os animais sociais encontramos comportamentos colaborativos, principalmente dentro da família e dos grupos com consanguinidade. Faz sentido em termos evolutivos, pois aumenta a probabilidade de sobrevivência dos próprios genes e daqueles presentes nos aparentados. A reciprocidade é uma motivação antiga, presente em muitos animais. Entre os primatas, o coçar recíproco é muito frequente e nos grupamentos primitivos de caçadores e coletores era comum a partilha dos frutos da caça e da coleta entre os membros da comunidade. É provável que a reciprocidade tenha ficado programada geneticamente em nossa espécie, pois muitas pesquisas mostram que ela está presente de forma generalizada nos grupamentos sociais humanos.

O processo de evolução natural parece ter favorecido, no caso dos hominídeos, mais a seleção de grupos cooperativos do que a seleção individual. O ser humano é, desde o nascimento, extremamente dependente das interações sociais, e esse caráter colaborativo permitiu uma história evolutiva destacada em relação a outras espécies, ou seja, triunfamos em virtude das capacidades de associação. Porém, essa característica de ultrassociabilidade é decorrente não somente da evolução biológica, mas também dos processos culturais estabelecidos com o aparecimento de normas sociais de convivência. Além disso, é bom notar que as normas sociais e a capacidade de internalizá-las produzem alterações na evolução genética ao longo do tempo.

Estudos neurobiológicos recentes identificaram uma base para a generosidade no funcionamento cerebral, evidenciando que esses traços positivos não são apenas construções culturais, mas fazem parte da biologia humana. A cooperação está associada com a ativação de áreas cerebrais ligadas à aprendizagem e à gratificação. O cérebro humano é um solucionador de problemas sociais e podemos mesmo dizer que evoluímos por conviver e que a própria civilização decorre disso.

Os elementos que podem levar tanto ao comportamento competitivo quanto ao colaborativo estão presentes na natureza humana. Ao longo da história, é comum a colaboração intragrupal, mas é frequente, também, a competição intergrupal. O comportamento tribal, o viés do pertencimento a um grupo, é uma das características marcantes de nossa psicologia e pode levar a condutas e sentimentos preconceituosos e negativos, como o racismo, a xenofobia e tantos outros desvios que podem ser facilmente constatados no cotidiano e na história da civilização.

Daí a importância de cultivar a amorosidade, a colaboração e os relacionamentos positivos. É necessário impulsionar a boa vontade, para que ela se estenda de forma ampla para os indivíduos que não fazem parte do grupo social mais próximo. As pessoas são colaboradoras imperfeitas, e a aprendizagem e os incentivos sociais são importantes para promover a cooperação.

O cérebro tem estruturas e circuitos que coordenam a interação social, e muitos autores propõem a existência de um "cérebro social". Essas estruturas são importantes para a cognição social, para que possamos compreender as intenções dos outros (temos o que chamamos uma "teoria da mente") e, eventualmente, nos identificar com seus sentimentos e intenções. Hoje sabemos que essas habilidades são desenvolvidas ao longo dos primeiros anos de vida e essa aprendizagem se prolonga até a adolescência. A espécie humana precisa de um longo tempo de maturação para o desenvolvimento do intercâmbio com outros seres humanos.

A interação social no dia a dia é importante para desenvolver a capacidade de decodificação das expressões emocionais, e o isolamento pode conduzir a problemas na interação social, gerando conflitos e estresse. Isso se torna particularmente importante porque em nossa sociedade estamos cada vez mais interagindo com instrumentos eletrônicos ao invés de interagir face a face. As pessoas chegam a passar oito horas diárias em frente a computadores, televisores e aparelhos celulares. Esse comportamento tem um grande potencial de prejuízo, em especial para os mais jovens, que ainda não desenvolveram as habilidades sociais necessárias. Os relacionamentos digitais não substituem de forma adequada as interações face a face e não são emocionalmente satisfatórios.

É bom lembrar que chamamos de "inteligência emocional" a capacidade de reconhecer as emoções nas outras pessoas e de interagir de forma positiva, evitando conflitos e construindo ligações de colaboração. A inteligência emocional, ou as habilidades de interação interpessoal, pode e deve ser cultivada no cotidiano por meio da construção de uma comunicação atenta.

COMUNICAÇÃO ATENTA

Três fatores são particularmente importantes para a comunicação consciente, ou atenta: corpo alerta, coração sensível e mente aberta. Vejamos suas características:

1 | Corpo alerta: a habilidade de estar presente e atento, aceitando o momento como ele se apresenta.
2 | Coração sensível: a habilidade de ser gentil e compassivo.
3 | Mente aberta: a habilidade de ser curioso e aceitar o outro da forma que ele é.

De início, é preciso estar realmente presente quando interagimos com outras pessoas. Fazer contato visual é ponto fundamental, deixando de lado elementos distraidores, como telefone celular e outros equipamentos eletrônicos, e qualquer outra tarefa concomitante. É essencial manter, também, uma postura aberta e acolhedora, com o corpo relaxado e alerta. Expressar com a linguagem corporal o próprio interesse é fator relevante.

Em nossas relações interpessoais comunicamos muito através da linguagem não verbal. Mesmo o silêncio envia uma mensagem e pode ser importante em uma conversação. Vale a pena verificar se existe algum desconforto, que é comunicado, por exemplo, por ausência de contato visual, postura fechada, expressões faciais que contrariam a linguagem verbal e gestos de impaciência. É necessário lembrar que precisamos estar atentos a nós mesmos, à nossa linguagem corporal, antes de podermos nos comunicar de forma efetiva. Além disso, é preciso respeitar e procurar não invadir o espaço privativo de cada pessoa.

Saber ouvir é outro fator fundamental: ouvir de forma ativa, para entender com abertura e sem envolver julgamentos. Ouvir, sem estar preocupado com a resposta. Esperar até que o outro termine de falar antes de expressar os próprios pensamentos. Não se preocupar em dar conselhos (a menos que eles sejam solicitados), apenas comunicar a disponibilidade para ajudar no que for preciso. Fazer perguntas, demonstrar curiosidade e interesse.

Ao falar, fazê-lo de forma clara e concisa. Estar atento à maneira de se expressar, usando palavras que possam ser realmente entendidas. Antes de falar, é bom estar atento a essas questões: o que vou dizer é verdade? É amável? É necessário? É isso mesmo o que eu quero expressar? É preciso ser autêntico com as próprias intenções, não pretendendo ser ou expressar-se de forma que não seja verdadeira.

Para interagir de forma positiva, precisamos ter clareza do que estamos sentindo e do que queremos comunicar. Essa atenção não pode ser negligenciada nas comunicações virtuais, que expandem cada vez mais seu papel nas inter-relações. O que foi dito até aqui resume o primeiro princípio da comunicação atenta, o do corpo alerta.

Em seguida, temos o segundo princípio: coração sensível. Com essa expressão utilizamos uma imagem do vocabulário popular, que atribui os sentimentos ao coração. Para atender a esse princípio, é preciso manter serenidade, respeito e empatia, mesmo em situações tensas. As pessoas querem ser estimadas, respeitadas e aceitas. Por isso, é importante demonstrar interesse e respeito pelo que elas têm a expressar, reagindo de forma adequada, mostrando genuína gentileza e generosidade – que devem ser manifestadas não somente com os outros, mas também para conosco. Estar disposto a ajudar de forma altruísta, sem esperar retorno, é como podemos ser compassivos em nossas relações.

A presença compassiva pode impulsionar, nas interações interpessoais, o aparecimento de uma "ressonância emocional", tornando-as mais positivas e agradáveis. Como sabemos, isso tem o poder da aumentar o tônus vagal, com os benefícios já descritos. As boas maneiras podem ser cultivadas como hábito: cumprimentar com um sorriso e um gesto gentil, não se esquecer de agradecer e mostrar apreciação, lembrar que o sorriso é contagioso e promove abertura, quebrando resistências.

Um detalhe muitas vezes esquecido nas comunicações é o toque social. O tato é um dos elementos mais importantes na linguagem não verbal. O toque suave pode transmitir emoções, acalmar e predispor à interação positiva e à compaixão. A estimulação tátil, resultante de um abraço, por exemplo, provoca a liberação de oxitocina e de opioides endógenos no cérebro, criando vínculos e promovendo confiança nas relações.

O terceiro princípio da comunicação atenta, a mente aberta, significa colocar em segundo plano as próprias convicções, ouvindo e interagindo com abertura e aceitação. Mais uma vez, é preciso deixar de lado os julgamentos e procurar ver o ponto de vista da outra pessoa, como se estivéssemos no lugar dela. Adotar uma atitude mais neutra, compreendendo que se trata da opinião do outro, não da nossa.

Não é preciso concordar, mas ainda assim é necessário mostrar compreensão com o que está sendo exposto. Reconhecer a perspectiva do outro, ainda que as opiniões sejam diferentes, não significa ceder ou deixar de partilhar as próprias opiniões, mas estar aberto à comunicação, procedendo com equilíbrio e gentileza. Estar atento para não determinar que as coisas sejam como "eu quero" e atendam às "minhas crenças" ou às minhas necessidades e admitir os pontos de vista e as necessidades alheias.

O realismo ingênuo frequentemente nos impede de reconhecer a "verdade" do outro. Trata-se da crença de que existe uma realidade objetiva e que temos acesso direto a ela. Se os outros não têm a mesma perspectiva é porque são tolos, ou estão agindo de má-fé. No Capítulo 2, quando tratamos da cognição, mencionamos a cegueira para os vieses e como estamos sujeitos a ela. O conhecimento que temos do mundo é modulado por nossa percepção, cognição e história de vida, as quais, como sabemos, são sujeitas a falhas e vieses e, portanto, são diferentes daquelas de outras pessoas. Nossa verdade não é absoluta e, por isso, devemos ser tolerantes e abertos nas interações.

É preciso lembrar que os princípios aqui enunciados se aplicam também às comunicações virtuais, feitas por *e-mail* ou pelas redes sociais. Essa forma de comunicação é, muitas vezes, mais frequente que as interações face a face, pelo menos no meio profissional. O uso de computadores e telas eletrônicas empobrece os múltiplos sinais que o cérebro utiliza para calibrar as emoções, o que foi desenvolvido ao longo de milhares de anos de evolução natural. Nas interações face a face, podemos interpretar o que está sendo dito não só pela linguagem verbal, mas também pela linguagem corporal, pelo tom de voz ou pela prosódia. Podemos nos sintonizar emocionalmente com quem estamos interagindo, de forma automática, o que com frequência escapa à consciência.

A palavra escrita é emocionalmente pobre quando comparada ao que podemos comunicar pessoalmente, ou mesmo por telefone. A comunicação eletrônica pode ser mais lógica e racional, mas é deficiente em termos emocionais. Por isso, podemos facilmente interpretar de maneira errônea o que se pretende comunicar. Em virtude do viés da negatividade, corremos o risco de perceber mensagens positivas como neutras e estas últimas como mais negativas, levando a desentendimentos desnecessários. O intercâmbio eletrônico de mensagens e as redes sociais podem se transformar em armadilhas quando não estamos atentos à interação e ao que queremos realmente expressar.

O contato face a face é sempre mais expressivo e pode minimizar o risco de desentendimento. Mas os mesmos princípios da comunicação atenta se aplicam às inter-relações eletrônicas: atenção, sensibilidade e abertura. É importante expressar-se com clareza e gentileza, lembrando que a ironia, por exemplo, é difícil de ser entendida nas mensagens por escrito. É bom pensar duas vezes e adiar um pouco o momento de responder qualquer mensagem que tenha alterado as próprias emoções. Como nas interações virtuais o cérebro não funciona com os mesmos dados das interações face a face, muitas vezes nosso comportamento virtual destoa daquele que exibiríamos presencialmente. É importante, assim, reler com cuidado as mensagens eletrônicas antes de enviá-las.

LIGAÇÃO COM O MUNDO NATURAL

Interconexão e interdependência são noções importantes para o nosso comportamento cotidiano, e a interdependência diz respeito também ao fato de que somos parte da natureza. Na sociedade contemporânea, frequentemente o ser humano se imagina em uma bolha, isolado dos fenômenos naturais. Em uma visão sistêmica, contudo, somos levados a concluir que toda a vida faz parte de uma enorme rede de interconexões. Não existem bordas ou fronteiras reais entre os seres vivos.

Muitas pesquisas têm demonstrado que a simples exposição à natureza melhora a saúde mental e a sensação de bem-estar. A conexão com a natureza está associada a maior satisfação com a vida, menor ansiedade, maior vitalidade, presença de sentido, criatividade, comportamentos pró-sociais e aqueles voltados à proteção do meio ambiente. Uma revisão recente da literatura científica indica que pessoas que estão mais conectadas à natureza tendem a ter maior bem-estar eudemônico e a perceber os indicadores de maior crescimento pessoal.

Há também estudos que indicam que a atenção plena impulsiona a relação que existe entre o contato com a natureza e o bem-estar. Podemos meditar na natureza, explorando suas qualidades restauradoras e de equilíbrio. Caminhadas meditativas ao ar livre podem ser particularmente agradáveis e, além disso, o tempo gasto na natureza impulsiona os requisitos para um aumento da consciência meditativa.

MEDITAÇÃO E BEM-ESTAR CONATIVO (MOTIVACIONAL)

A meditação ajuda não só a perceber a importância dos valores que podem ser adotados, como também a modificar a conduta cotidiana, de maneira a contrapor muitos valores negativos encontrados na sociedade em que vivemos.

Existem evidências, como já expusemos, de que a meditação pode impulsionar as atitudes pró-sociais. Em decorrência da neuroplasticidade cerebral, o que se pratica se torna mais forte. É possível, portanto, treinar a gentileza. A meditação generativa da amorosidade tem um papel importante nas atitudes pró-sociais que, como já vimos, estão ligadas à sensação subjetiva de bem-estar.

No mundo em que vivemos, os sistemas de tomada de decisão são continuamente manipulados por valores subjacentes, como o consumismo, o individualismo, a competição e a busca incessante da gratificação imediata. São atitudes pouco saudáveis para nós mesmos, para o ambiente social e para o meio ambiente, mas o "piloto automático" em geral nos impede de perceber isso no cotidiano.

Quando, com o auxílio da meditação, examinamos nossos pensamentos, sentimentos e motivação, podemos identificar os valores mais legítimos, que deverão direcionar nossa conduta em busca de um mundo melhor não apenas para nós, mas para todos os seres vivos. Muitas vezes, alguns críticos afirmam que a meditação é uma espécie de fuga para dentro, em que deixamos de prestar atenção ao mundo que nos rodeia. Na verdade, ela auxilia a compreender que uma sociedade disfuncional gera tensões e desequilíbrios que levam ao estresse e à ansiedade e sua eliminação precisa passar por soluções coletivas. A meditação pode nos impulsionar a agir e a interagir de forma positiva para todos.

EQUILÍBRIO MOTIVACONAL

O equilíbrio motivacional consiste na capacidade de escolher e de vivenciar intenções e valores construtivos, que conduzem ao próprio bem-estar e ao das pessoas ao redor, e, ao mesmo tempo, de evitar os destrutivos, que dificultam o crescimento pessoal e levam ao sofrimento psíquico (apego, cobiça, futilidade). A meditação é um instrumento muito útil e eficaz na busca do equilíbrio motivacional.

Práticas de meditação recomendadas (ver Apêndice):

- 3 Meditação de atenção plena com a respiração
- 6 Meditação da amorosidade (*loving-kindness meditation*)
- 7 Meditação da gratidão
- 16 Despertar consciente: comece o dia com um propósito

RESUMINDO

A motivação se refere aos processos pelos quais o comportamento é iniciado, dirigido e sustentado. Nossos motivos podem estar ligados a necessidades básicas, como alimentação ou sexo, mas também a fatores psicológicos, como objetivos estabelecidos ao longo da vida. O cérebro tem estruturas e circuitos que regulam a motivação e os processos de tomada de decisão. O córtex pré-frontal é particularmente importante nesse contexto, e é bom lembrar que é uma das áreas que se modifica com a meditação. Além disso, os "circuitos de recompensa" se ativam sempre que é detectada uma gratificação que interessa ao organismo. Neles, é liberada a dopamina, um neurotransmissor que dá um sinal equivalente a "eu quero" – que influencia a tomada de decisão e desencadeia as condutas que levam à aquisição do objetivo desejado.

É interessante que os circuitos de recompensa podem ser ativados por muitos estímulos, por exemplo: as drogas de abuso, como a cocaína, liberam dopamina e provocam uma motivação viciosa para o consumo. Os jogos eletrônicos, por fornecerem uma gratificação imediata, também ativam esses circuitos, liberando dopamina. Até os celulares podem provocar comportamentos automáticos quando não prestamos atenção consciente e nos deixamos levar pelo "piloto automático", que está sempre pronto para tomar a direção. Isso não surpreende, já que o comportamento animal foi moldado pela evolução biológica para reagir prontamente às circunstâncias presentes em um determinado momento. Se foi detectada uma gratificação vantajosa – água, alimento, um parceiro sexual (ou até uma mensagem no WhatsApp) – imediatamente é desencadeado um comportamento voltado para a sua obtenção. É assim que funciona com os animais em geral.

Para nós, seres humanos, a presença do córtex pré-frontal muito desenvolvido permite que imaginemos uma realidade paralela no tempo e, com isso, podemos regular o comportamento avaliando alternativas: "Será que devo sair com os amigos agora ou é melhor estudar para o concurso, que pode me trazer vantagens no futuro?". Ou seja, ainda funcionamos com os mecanismos que nos impelem a reagir imediatamente, mas podemos raciocinar em termos de objetivos maiores, a serem obtidos em um tempo futuro. Essa capacidade é um dos pilares da autorregulação. Porém, sabemos que se estamos no "piloto automático" em geral não resistimos às tentações. Só percebemos que não fizemos a melhor escolha depois que a oportunidade já passou.

Então, a motivação envolve desejos e impulsos de curto prazo, relacionados com o comportamento para satisfazer a gratificação imediata, e também intenções, ou valores, de longo prazo, que direcionam nossa vida e nos impelem a objetivos maiores. O ambiente cultural em que nascemos (e as religiões) nos envolvem em um conjunto de valores que geralmente aceitamos sem resistência, pois tendemos a seguir o grupo social no qual estamos inseridos. Contudo, é interessante que tenhamos consciência dos valores com os quais nos identificamos. Estaremos, assim, adotando uma ética pessoal mais coerente, capaz de suscitar uma existência consciente, ou *mindful living*.

No entanto, quais valores devemos adotar? No que devemos mirar para ter uma vida plena e satisfatória? Diferentes pessoas terão diferentes respostas, mas há um objetivo comum a todos: ser feliz. A felicidade é algo a que todos aspiramos. Porém, o que seria a felicidade e como podemos obtê-la? Novamente, muitas são as respostas, mas há uma convergência de propostas em nossa cultura – a de que existem, fundamentalmente, dois tipos de felicidade: a hedônica, relacionada aos prazeres dos sentidos e aos bens materiais, ligada àquilo que recebemos do meio em que vivemos, e a eudemônica, que resulta do engajamento positivo na vida, da contribuição ao ambiente em que estamos, de acordo com nossos talentos. No hedonismo, o foco é em nós mesmos e a prioridade são as gratificações imediatas. No eudemonismo, as metas são de longo prazo e estão associadas às interações sociais. No hedonismo, o foco é estar bem, enquanto no eudemonismo é fazer o bem.

Quando estamos no "piloto automático", tendemos a ceder às gratificações de curto prazo, mas quando adotamos um raciocínio deliberativo, no qual é importante a atenção executiva, então é possível regular o comportamento de forma mais efetiva. Já sabemos que *mindfulness* desenvolve a atenção executiva e a autorregulação e, portanto, favorece a adoção das intenções de longo prazo, promovendo o eudemonismo.

O hedonismo é, muitas vezes, visto de forma negativa: é associado à ganância, à luxúria ou à autoindulgência. Não estamos satisfeitos quando não temos esses estímulos externos e temos medo de perdê-los quando estamos de posse deles. A busca desses prazeres, de forma acrítica, costuma levar ao desejo de sempre querer mais, mesmo quando se tem o suficiente para uma vida confortável. É bom levar em conta, contudo, que a felicidade hedônica é também derivada de prazeres simples e de emoções positivas, com frequência originados das interações sociais. Existem prazeres que são virtuosos e atividades virtuosas que dão prazer. Portanto, não é o caso de fazer uma escolha exclusiva por um tipo de felicidade com a exclusão da outra. Devemos encontrar um equilíbrio entre a felicidade hedônica e a felicidade eudemônica.

Todavia, amiúde as pessoas confundem felicidade com sensações prazerosas, o que é uma interpretação empobrecida da realidade. Satisfeitas as nossas necessidades básicas, todos temos um impulso para encontrar um propósito, um sentido para a existência, que, por sua vez, leva à sensação de autorrealização. Por um lado, os prazeres externos são sempre passageiros e, portanto, a felicidade hedônica é necessariamente provisória, ou fugaz. Por outro lado, viver de acordo com nossos valores e perseguir atividades com um propósito costumam trazer uma sensação de bem-estar mais duradoura.

Pesquisas realizadas nos últimos anos têm demonstrado que as atividades eudemônicas têm reflexos na melhoria da saúde física e mental, tendo como consequência níveis sanguíneos mais baixos dos hormônios ligados ao estresse, melhor regulação da glicose, menor taxa de fatores inflamatórios e diminuição dos riscos cardiovasculares. No cérebro, há aumento da atividade pré-frontal (principalmente do lado esquerdo) e da ínsula, com menor ativação da amígdala cerebral. O resultado: melhor regulação emocional e aumento da capacidade de empatia.

Em síntese, podemos concluir que existem dois fatores básicos para a felicidade: os sentimentos de prazer e o sentimento de que há um sentido naquilo que fazemos, e os dois são importantes. Ao longo da vida, desfrutamos de momentos prazerosos, ainda que fúteis, como assistir relaxadamente a uma comédia na TV, mas também vivenciamos momentos que podem não ser prazerosos, como cuidar de um ente querido enfermo, os quais são cheios de propósito e podem gerar uma sensação de plenitude e bem-estar. É bom estarmos atentos a esses dois fatores, pois o bem-estar está ligado a encontrar prazer (hedonismo) e propósito (eudemonismo) no cotidiano, e ambos podem nos conduzir à felicidade que almejamos.

A prática da meditação, portanto, é bastante útil, pois nos ajuda a perceber com mais precisão os momentos felizes. A vivência das emoções positivas permite examinar alternativas no momento presente que nos levam a descobrir significado e propósito naquilo que estamos vivenciando. A consciência plena pode alterar a interpretação das experiências negativas e o desfrutar das experiências positivas, ampliando a capacidade de encontrar sentido na vida e de ter maior engajamento com a própria existência. A meditação da amorosidade, por sua vez, expande as habilidades eudemônicas, como a autoaceitação, e as relações interpessoais, as quais impulsionam as emoções positivas.

A felicidade deve ser procurada inicialmente dentro de nós mesmos, a partir do questionamento ao apego às coisas externas e do cultivo de uma atitude de abertura e aceitação. A partir daí, somos capazes de distinguir melhor o que, entre esses fatores externos, vale a pena perseguir. A felicidade vem de dentro de nós, mas também de fora. É preciso encontrar o equilíbrio, e a prática meditativa é uma ótima ferramenta para isso.

BIBLIOGRAFIA SELECIONADA

INTRODUÇÃO

Afonso, R. F., Kraft, I., Aratanha, M. A., & Kozasa, E. H. (2020). Neural correlates of meditation: a review of structural and functional MRI studies. *Frontiers in Bioscience - Scholar, 12*(1), 92-115.

Fox, K., & Cahn, B. R. (2019). Meditation and the brain in health and disease. In M. Farias, D. Brazier, & M. Lalljee. (Eds.), *The Oxford handbook of meditation*. Oxford.

Gethin, R. (2015). *Buddhist conceptualizations of mindfulness*. In K. W. Brown, J. D. Creswell, & R. M. Ryan (Eds.), *Handbook of mindfulness: theory, research, and practice* (p. 9-41). Guilford.

Gibson, J. (2019). Mindfulness, interocepção, and the body: a contemporary perspective. *Frontiers in Psychology, 10*, 2012.

Goleman, D., & Davidson, R. (2017). *A ciência da meditação: como transformar o cérebro, a mente e o corpo*. Objetiva.

Holzel, B. K., Lazar, S. W., Gard, T., Schuman-Olivier, Z., Vago, D. R., & Ott, U. (2011). How does mindfulness meditation work? Proposing mechanisms of action from a conceptual and neural perspective. *Perspectives on Psychological Science*, 6(6), 537–559.

Kabat-Zinn, J. (2017) *Viver a catástrofe total: como utilizar a sabedoria do corpo e da mente para enfrentar o estresse, a dor e a doença*. Palas Athena.

Matko, K., & Sedlmeier, P. (2019). What is meditation? Proposing an empirically derived classification system. *Frontiers in Psychology*, 10, 2276.

Moffitt, T. E., Arseneault, L., Belsky, D., Dickson, N., Hancox, R. J., Harrington, H., ... & Sears, M. R. (2011). A gradient of childhood self-control predicts health, wealth, and public safety. *Proceedings of the national Academy of Sciences*, 108(7), 2693-2698.

Ostafin, B. D., Robinson, M. D., & Meier, B. P. (Eds.). (2015). *Handbook of mindfulness and self-regulation*. Springer.

Tang, Y. Y. (2017). *The neuroscience of mindfulness meditation: how the body and mind work together to change our behaviour*. Springer.

Tang, Y. Y., Hölzel, B. K., & Posner, M. I. (2015). The neuroscience of mindfulness meditation. *Nature Reviews Neuroscience*, 16(4), 213-225.

Wallace, B. A. (2005). *Genuine happiness: meditation as the path to fulfillment* (p. 246). John Wiley & Sons.

Wallace, B. A., & Shapiro, S. L. (2006). Mental balance and well-being: building bridges between Buddhism and Western psychology. *American Psychologist*, 61(7), 690.

CAPÍTULO 1
A ATENÇÃO E SUA REGULAÇÃO

Bruya, B. (Ed.). (2010). *Effortless attention: a new perspective in the cognitive science of attention and action*. MIT.

Cosenza, R. M, & Guerra, L. B. (2011). *Neurociência e educação: como o cérebro aprende*. Artmed.

Csikszentmihalyi, M. (2020). *Finding flow: the psychology of engagement with everyday life*. Hachette.

Draganski, B., Gaser, C., Busch, V., Schuierer, G., Bogdahn, U., & May, A. (2004). Neuroplasticity: changes in grey matter induced by training. *Nature*, 427(6972), 311.

Gazzaley, A., & Rosen, L. D. (2016). *The distracted mind: ancient brains in a high-tech world*. MIT.

Hasenkamp, W., Wilson-Mendenhall, C. D., Duncan, E., & Barsalou, L. W. (2012). Mind wandering and attention during focused meditation: a fine-grained temporal analysis of fluctuating cognitive states. *NeuroImage*, 59(1), 750–760.

Kozasa, E. H., Sato, J. R., Russell, T. A., Barreiros, M. A. M., Lacerda, S. S., Radvany, J., Mello, L. E. A. M., & Amaro, E. (2017). Differences in default mode network connectivity in meditators and non-meditators during an attention task. *Journal of Cognitive Enhancement*, 1(2), 228–234.

Loh, K. K., & Kanai, R. (2014). Higher media multi-tasking activity is associated with smaller gray-matter density in the anterior cingulate cortex. *Plos One*, 9(9), e106698.

Mason, M. F., Norton, M. I., Van Horn, J. D., Wegner, D. M., Grafton, S. T., & Macrae, C. N. (2007). Wandering minds: the default network and stimulus-independent thought. *Science*, 315(5810), 393-395.

Moffitt, T. E., Arseneault, L., Belsky, D., Dickson, N., Hancox, R. J., Harrington, H., ... Caspi, A. (2011). A gradient of childhood self-control predicts health, wealth, and public safety. *Proceedings of the National Academy of Sciences of the United States of America*, 108(7), 2693–8.

Petersen, S. E., & Posner, M. I. (2012). The attention system of the human brain: 20 years after. *Annual Review of Neuroscience*, 35, 73–89.

Posner, M. I., Rothbart, M. K., & Tang, Y. (2013). Developing self-regulation in early childhood. *Trends in Neuroscience and Education*, 2(3-4), 107–110.

Rueda, M. R., Fan, J., McCandliss, B. D., Halparin, J. D., Gruber, D. B., Lercari, L. P., & Posner, M. I. (2004). Development of attentional networks in childhood. *Neuropsychologia*, 42(8), 1029-1040.

Shapiro, S. (2020). *Good morning, I love you: mindfulness and self-compassion practices to rewire your brain for calm, clarity, and joy*. Sounds True.

Tang, Y. -Y. (2017). *The Neuroscience of mindfulness meditation: how the body and mind work together to change our behaviour*. Springer.

Tang, Y.-Y., & Posner, M. I. (2009). Attention training and attention state training. *Trends in Cognitive Sciences*, 13(5), 222–7.

Tang, Y.-Y., & Posner, M. I. (2014). Training brain networks and states. *Trends in Cognitive Sciences*, 18(7), 345–350.

Tang, Y. -Y., Posner, M. I., & Rothbart, M. K. (2014). Meditation improves self-regulation over the life span. *Annals of the New York Academy of Sciences*, 1307(1), 104-111.

Wallace, B. A. (2009). *Contemplative science: where Buddhism and neuroscience converge*. Columbia University.

Wallace, B. A. (2018). *A revolução da atenção: revelando o poder da mente focada*. Vozes.

CAPÍTULO 2
A COGNIÇÃO E SUA REGULAÇÃO

Bargh, J. (2017). *Before you know it: the unconscious reasons we do what we do*. Simon and Schuster.

Chang, J. H., Kuo, C. Y., Huang, C. L., & Lin, Y. C. (2018). The flexible effect of mindfulness on cognitive control. *Mindfulness, 9*(3), 792–800.

Cosenza, R. M. (2015). *Por que não somos racionais: como o cérebro faz escolhas e toma decisões.* Artmed.

Dehaene, S. (2014). *Consciousness and the brain: deciphering how the brain codes our thoughts.* Penguin.

Fabio, R. A., & Towey, G. E. (2018). Long-term meditation: the relationship between cognitive processes, thinking styles and mindfulness. *Cognitive Processing, 19*(1), 73–85.

Gazzaniga, M. (2012). *Who's in charge? Free will and the science of the brain.* Robinson.

Gazzaniga, M. S. (2018). *The consciousness instinct: unraveling the mystery of how the brain makes the mind.* Farrar, Straus and Giroux.

Kahneman, D. (2012). *Rápido e devagar: duas formas de pensar.* Objetiva.

King, A. P., & Fresco, D. M. (2019). A neurobehavioral account for decentering as the salve for the distressed mind. *Current Opinion in Psychology, 28,* 285-293.

Manuello, J., Vercelli, U., Nani, A., Costa, T., & Cauda, F. (2016). Mindfulness meditation and consciousness: an integrative neuroscientific perspective. *Consciousness and cognition, 40,* 67-78.

North, A. C. A., Hargreaves, D. J., & McKendrick, J. (1999). The influence of in-store music on wine selections. *Journal of Applied Psychology, 84*(2), 271–276.

Schacter, D. L. (2002). *The seven sins of memory: How the mind forgets and remembers.* Houghton Mifflin.

Singe, W., & Ricard, M. (2018). *Cérebro e meditação: diálogos entre o budismo e a neurociência. Alaúde.*

Wright, R. (2018). *Por que o budismo funciona: Como a psicologia evolucionista e a neurociência explicam os benefícios da meditação.* Sextante.

CAPÍTULO 3
EMOÇÕES E SUA REGULAÇÃO

Chambers, R., Gullone, E., & Allen, N. (2009). Mindful emotion regulation: an integrative review. *Clinical Psychology Review, 29,* 560–572.

Damasio, A., Everitt, B., & Bishop, D. (1996). The somatic marker hypothesis and the possible functions of the prefrontal cortex. *Philosophical Transactions of the Royal Society of London. Series B, Biological Sciences, 351*(1346), 1413–1420.

Damasio, A., & Carvalho, G. B. (2013). The nature of feelings: evolutionary and neurobiological origins. *Nature reviews. Neuroscience, 14*(2),143–152.

Farb, N. A. S., Anderson, A. K., Irving, J. A., & Segal, Z. V. (2015). Mindfulness interventions and emotion regulation. In J. J. Gross (Ed.), *Handbook of emotion regulation* (2nd ed., pp. 548-567). Guilford.

Farb, N., Daubenmier, J., Price, C. J., Gard, T., Kerr, C., Dunn, B. D., ... Mehling, W. E. (2015). Interoception, contemplative practice, and health. *Frontiers in psychology, 6*, 763.

Gibson, J. (2019). Mindfulness, interoception, and the body: a contemporary perspective. *Frontiers in Psychology, 10*, 2012.

Grecucci, A., Pappaianni, E., Siugzdaite, R., Theuninck, A., & Job, R. (2015). Mindful emotion regulation: exploring the neurocognitive mechanisms behind mindfulness. *BioMed Research International, 2015*, 670724.

Gross, J. J. (Ed.). (2015). *Handbook of emotion regulation* (2nd. ed.) Guilford.

Johnston, E., & Olson, L. (2015). *The feeling brain: the biology and psychology of emotions*. WW Norton & Company.

Kober, H., Buhle, J., Weber, J., Ochsner, K. N., & Wager, T. D. (2019). Let it be: Mindful-acceptance down-regulates pain and negative emotion. *Social Cognitive and Affective Neuroscience, 14*(11), 1147-1158.

Koole, S. L., & Aldao, A. (2016). The self-regulation of emotion: theoretical and empirical advances. In K. D Vohs, & R. F. Baumeister (Eds.), *Handbook of self-regulation: research, theory, and applications* (3rd ed., pp. 24-41). Guilford.

Ostafin, B. D., Robinson, M. D., & Meier, B. P. (Eds.). (2015). *Handbook of mindfulness and self-regulation*. Springer.

Roemer, L., Williston, S. K., & Rollins, L. G. (2015). Mindfulness and emotion regulation. *Current Opinion in Psychology, 3*, 52-57.

Rothermund, K., Voss, A., & Wentura, D. (2008). Counter-regulation in affective attentional biases: a basic mechanism that warrants flexibility in emotion and motivation. *Emotion, 8*(1), 34-46.

CAPÍTULO 4
AS EMOÇÕES NEGATIVAS, A DOR E O ESTRESSE

Arch, J. J., & Landy, L. N. (2015). Emotional benefits of mindfulness. In K. W Brown, J. D. Creswell, & R. M. Ryan (Eds.), *Handbook of mindfulness: theory, research, and practice*. Guilford.

Ashar, Y. K., Chang, L. J., & Wager, T. D. (2017). Brain mechanisms of the placebo effect: an affective appraisal account. *Annual Review of Clinical Psychology, 13*, 73-98.

Ball, E. F., Nur Shafina Muhammad Sharizan, E., Franklin, G., & Rogozińska, E. (2017). Does mindfulness meditation improve chronic pain? A systematic review. *Current Opinion in Obstetrics and Gynecology, 29*(6), 359-366.

Bernhardt, B. C., & Singer, T. (2012). The neural basis of empathy. *Annual Review of Neuroscience, 35,* 1-23.

Burch, V. (2011). *Viva bem com a dor e a doença: método da atenção plena.* Sommus.

Bushnell, M., Čeko, M. & Low, L. (2013) Cognitive and emotional control of pain and its disruption in chronic pain. *Nature reviews. Neuroscience, 14*(7), 502–511.

Cullen, M., & Pons, G. B. (2015). *The mindfulness-based emotional balance workbook: an eight-week program for improved emotion regulation and resilience.* New Harbinger.

Eisenberger, N. I., & Lieberman, M. D. (2004). Why rejection hurts: a common neural alarm system for physical and social pain. *Trends in Cognitive Sciences, 8*(7), 294–300.

Ekman, P. (2003). *Emotions revealed: recognizing faces and feelings to improve communication and emotional life.* Times Books.

Gerritsen, R. J. S., & Band, G. P. H. (2018). Breath of life: the respiratory vagal stimulation model of contemplative activity. *Frontiers in Human Neuroscience, 12,* 397.

Goleman, D., & Davidson, R. J. (2017). *Altered traits: science reveals how meditation changes your mind, brain, and body.* Avery.

Goyal, M., Singh, S., Sibinga, E. M. S., Gould, N. F., Rowland-Seymour, A., Sharma, R., ... Haythornthwaite, J. A. (2014). Meditation programs for psychological stress and well-being. *JAMA Internal Medicine, 174*(3), 357.

Holzel, B. K., Carmody, J., Evans, K. C., Hoge, E. A., Dusek, J. A., Morgan, L., ... Lazar, S. W. (2009). Stress reduction correlates with structural changes in the amygdala. *Social Cognitive and Affective Neuroscience, 5*(1), 11–17.

Mather, M., & Thayer, J. F. (2018). How heart rate variability affects emotion regulation brain networks. *Current Opinion in Behavioral Sciences, 19,* 98-104.

McEwen, B. S. (2017). Neurobiological and systemic effects of chronic stress. *Chronic Stress, 1,* 2470547017692328.

Pascoe, M. C., Thompson, D. R., Jenkins, Z. M., & Ski, C. F. (2017). Mindfulness mediates the physiological markers of stress: systematic review and meta-analysis. *Journal of Psychiatric Research, 95,* 156–178.

Perciavalle, V., Blandini, M., Fecarotta, P., Buscemi, A., Di Corrado, D., Bertolo, L., ... Coco, M. (2017). The role of deep breathing on stress. *Neurological Sciences, 38*(3), 451–458.

Sapolsky, R. M. (2004). *Why zebras don't get ulcers: the acclaimed guide to stress, stress-related diseases, and coping* (3rd ed.). Owl Books.

Smalley, S. L., & Winston, D. (2010). *Fully present: the science, art, and practice of mindfulness.* Da Capo Lifelong Books.

Tang, Y.-Y., Posner, M. I., & Rothbart, M. K. (2014). Meditation improves self-regulation over the life span. *Annals of the New York Academy of Sciences, 1307,* 104–111.

Veehof, M. M., Trompetter, H. R., Bohlmeijer, E. T., & Schreurs, K. M. G. (2016). Acceptance-and mindfulness-based interventions for the treatment of chronic pain: a meta-analytic review. *Cognitive Behaviour Therapy*, 45(1), 5-31.

Zeidan, F., & Vago, D. R. (2016). Mindfulness meditation-based pain relief: a mechanistic account. *Annals of the New York Academy of Sciences*, 1373(1), 114–127.

CAPÍTULO 5
AS EMOÇÕES POSITIVAS

Balzarotti, S., Biassoni, F., Colombo, B., & Ciceri, M. R. (2017). Cardiac vagal control as a marker of emotion regulation in healthy adults: a review. *Biological psychology*, 130, 54-66.

Bstan-'dzin-rgya-mtsho, Dalai Lama XIV (2009). *The art of happiness: a handbook for living*. Riverhead Books.

Chierchia, G., & Singer, T. (2016). The neuroscience of compassion and empathy and their link to prosocial motivation and behavior. In J.-C. Dreher, & L. Tremblay (Eds.), *Decision neuroscience: an integrative perspective* (pp. 247–257). Academic.

Du, J., An, Y., Ding, X., Zhang, Q., & Xu, W. (2019). State mindfulness and positive emotions in daily life: an upward spiral process. *Personality and Individual Differences*, 141, 57–61.

Fredrickson, B. L. (2013). Positive emotions broaden and build. In P. Devine, & A. Plant (Eds.), *Advances in experimental social psychology* (Vol. 47, pp. 1–53). Academic.

Fredrickson, B. L., Boulton, A. J., Firestine, A. M., Van Cappellen, P., Algoe, S. B., Brantley, M. M., ... Salzberg, S. (2017). Positive emotion correlates of meditation practice: a comparison of mindfulness meditation and loving-kindness meditation. *Mindfulness*, 8(6), 1623–1633.

Fredrickson, B. L., Cohn, M. A., Coffey, K. A., Pek, J., & Finkel, S. M. (2008). Open hearts build lives: positive emotions, induced through loving-kindness meditation, build consequential personal resources. *Journal of Personality and Social Psychology*, 95(5), 1045–1062.

Graham, L. E., Thomson, A. L., Nakamura, J., Brandt, I. A., & Siegel, J. T. (2017). Finding a family: a categorization of enjoyable emotions. *Journal of Positive Psychology*, 14(2), 206-229.

Hanson, R. (2015). *O cérebro e a felicidade: como treinar sua mente para atrair serenidade, amor e autoconfiança*. WWF Martins Fontes.

Jans-Beken, L., Jacobs, N., Janssens, M., Peeters, S., Reijnders, J., Lechner, L., & Lataster, J. (2020). Gratitude and health: an updated review. *Journal of Positive Psychology*, 15(6),743-782.

Kirby, J. N. (2017). Compassion interventions: the programmes, the evidence, and implications for research and practice. *Psychology and Psychotherapy, 90*(3), 432–455.

Kok, B. E., Coffey, K. A., Cohn, M. A., Catalino, L. I., Vacharkulksemsuk, T., Algoe, S. B., ... Fredrickson, B. L. (2013). How positive emotions build physical health: perceived positive social connections account for the upward spiral between positive emotions and vagal tone. *Psychological Science, 24*(7), 1123–1132.

Lindquist, K. A., Wager, T. D., Kober, H., Bliss-Moreau, E., & Barrett, L. F. (2012, June). The brain basis of emotion: a meta-analytic review. *Behavioral and Brain Sciences, 35*(3), 121-143.

Löken, L. S., & Olausson, H. (2010). The skin as a social organ. *Experimental brain research, 204*(3), 305-314.

Luberto, C. M., Shinday, N., Song, R., Philpotts, L. L., Park, E. R., Fricchione, G. L., & Yeh, G. Y. (2018). A systematic review and meta-analysis of the effects of meditation on empathy, compassion, and prosocial behaviors. *Mindfulness, 9*(3), 708–724.

Mauss, I. B., Tamir, M., Anderson, C. L., & Savino, N. S. (2011). Can seeking happiness make people unhappy? Paradoxical effects of valuing happiness. *Emotion, 11*(4), 807.

Neff, K. D., & Dahm, K. A. (2015). Self-compassion: What it is, what it does, and how it relates to mindfulness. In B. D. Ostafin, M. D. Robinson, & B. P. Meier (Eds.), *Handbook of mindfulness and self-regulation* (pp. 121–140). Springer.

Neff, K., & Germer, C. (2019). *Manual de mindfulness e autocompaixão: um guia para construir forças internas e prosperar na arte de ser seu melhor amigo.* Artmed.

Shapiro, S. (2020). *Good morning, I love you: mindfulness and self-compassion practices to rewire your brain for calm, clarity, and joy.* Sounds True.

Shiota, M. N., Campos, B., Oveis, C., Hertenstein, M. J., Simon-Thomas, E., & Keltner, D. (2017). Beyond happiness: building a science of discrete positive emotions. *American Psychologist, 72*(7), 617–643.

Singer, T., & Klimecki, O. M. (2014). Empathy and compassion. *Current Biology, 24*(18), R875–R878.

Stellar, J. E., John-Henderson, N., Anderson, C. L., Gordon, A. M., McNeil, G. D., & Keltner, D. (2015). Positive affect and markers of inflammation: discrete positive emotions predict lower levels of inflammatory cytokines. *Emotion, 15*(2), 129–133.

Strauss, C., Taylor, B. L., Gu, J., Kuyken, W., Baer, R., Jones, F., & Cavanagh, K. (2016). What is compassion and how can we measure it? A review of definitions and measures. *Clinical psychology review, 47,* 15-27.

Wadlinger, H. A., & Isaacowitz, D. M. (2011). Fixing our focus: training attention to regulate emotion. *Personality and Social Psychology Review, 15*(1), 75–102.

CAPÍTULO 6
A MOTIVAÇÃO E SUA REGULAÇÃO

Adolphs, R. (2009). The social brain: neural basis of social knowledge. *Annual Review of Psychology*, 60, 693-716.

Bernecker, K., & Becker, D. (2020). Beyond self-control: mechanisms of hedonic goal pursuit and its relevance for well-being. *Personality and Social Psychology Bulletin*, 014616722094199.

Blakemore, S.-J. (2010). The developing social brain: implications for education. *Neuron*, 65(6), 744–747.

Chapman, S. G. (2012). *The five keys to mindful communication: using deep listening and mindful speech to strengthen relationships, heal conflicts, and accomplish your goals*. Shambhala.

Cosenza, R. M. (2015). *Por que não somos racionais: como o cérebro faz escolhas e toma decisões*. Artmed.

Dolan, P. (2015). *Happiness by design: finding pleasure and purpose in everyday life*. Plume

Fredrickson, B. L. (2016). The eudaimonics of positive emotions. In J. Vittersø (Ed.), *Handbook of eudaimonic well-being* (pp. 183-190). Springer.

Fredrickson, B. L., Cohn, M. A., Coffey, K. A., Pek, J., & Finkel, S. M. (2008). Open hearts build lives: positive emotions, induced through loving-kindness meditation, build consequential personal resources. *Journal of Personality and Social Psychology*, 95(5), 1045–1062.

Garland, E. L., Farb, N. A., R. Goldin, P., & Fredrickson, B. L. (2015). Mindfulness broadens awareness and builds eudaimonic meaning: a process model of mindful positive emotion regulation. *Psychological Inquiry*, 26(4), 293–314.

Henrich, J., & Muthukrishna, M. (2020). The origins and psychology of human cooperation. *Annual Review of Psychology*.

Kimiecik, J. (2016). The eudaimonics of health: exploring the promise of positive well-being and healthier living. In J. Vittersø (Ed.), *Handbook of eudaimonic well-being* (pp. 349-370). Springer.

Lykken, D., & Tellegen, A. (1996). Happiness is a stochastic phenomenon. *Psychological Science*, 7(3), 186–189.

Lyubomirsky, S., Sheldon, K. M., & Schkade, D. (2005). Pursuing happiness: the architecture of sustainable change. *Review of General Psychology*, 9(2), 111–131.

Olds, J., & Milner, P. (1954). Positive reinforcement produced by electrical stimulation of septal area and other regions of rat brain. *Journal of Comparative and Physiological Psychology*, 47(6), 419.

Pritchard, A., Richardson, M., Sheffield, D., & McEwan, K. (2019). The relationship between nature connectedness and eudaimonic well-being: a meta-analysis. *Journal of Happiness Studies*, 21, 1-23.

Ricard, M. (2015). *Happiness: a guide to developing life's most important skill*. Little, Brown and Company.

Ryff, C. D. (2014). Psychological well-being revisited: advances in the science and practice of eudaimonia. *Psychotherapy and Psychosomatics, 83*(1), 10–28.

Ryff, C. D. (2018a). Well-being with soul: science in pursuit of human potential. *Perspectives on Psychological Science, 13*(2), 242–248.

Ryff, C. D. (2018b). Eudaimonic Well-being highlights from 25 years of inquiry. In T. Shigemasu, K. Kuwano, S. Sato, & T. Matsuzawa (Eds.), *Diversity in harmony – insights from psychology: proceedings of the 31st International Congress of Psychology* (pp. 375–395).

Shapiro, S. L., Jazaieri, H., & Goldin, P. R. (2012). Mindfulness-based stress reduction effects on moral reasoning and decision making. *The Journal of Positive Psychology, 7*(6), 504-515.

Sheldon, K. M., & Lyubomirsky, S. (2019). Revisiting the sustainable happiness model and pie chart: can happiness be successfully pursued? *The Journal of Positive Psychology*, 1-10.

Stallen, M., & Sanfey, A. G. (2013). The cooperative brain. *Neuroscientist, 19*(3), 292-303.

Van Gordon, W., Shonin, E., & Richardson, M. (2018). Mindfulness and nature. *Mindfulness, 9*(5), 1655-1658.

Vitterso, J. (Ed.). (2016). *Handbook of eudaimonic well-being*. Springer.

APÊNDICE
ALGUMAS PRÁTICAS DE MEDITAÇÃO

1
MEDITAÇÃO – INSTRUÇÕES GERAIS

Com a meditação, procura-se focar a atenção voluntariamente e de forma acrítica em uma coisa de cada vez. Um ponto essencial é que não basta simplesmente o foco exclusivo em um objeto; é preciso ter a intenção de alcançar esse foco e preservá-lo voluntariamente. Não é fácil manter a concentração por um tempo prolongado. Por isso, cada vez que o meditador percebe que sua consciência divaga e se desvia para outros pensamentos, ele volta a se concentrar no objeto original de sua atenção, sem julgamentos ou recriminações. Basta voltar a prestar atenção conscientemente, com gentileza e curiosidade.

Alguns fatores são importantes para a meditação:

- Ambiente calmo.
- Estado de alerta, com atitude passiva.
- Relaxamento corporal, em uma posição confortável.
- Foco de atenção dirigido internamente – pensamentos, emoções e estados corporais (como a respiração) – ou a um objeto externo.

COMEÇANDO A MEDITAR

Selecione uma posição confortável: pode ser sentado em uma cadeira, no chão, de pernas cruzadas ou de joelhos com o apoio de uma almofada; pode ser ainda deitado de costas ou mesmo em pé.

Ao sentar-se, as costas devem estar retas (mas não rígidas) e o peso da cabeça deve repousar diretamente sobre a coluna vertebral. Feche os olhos, ou mantenha-os semicerrados, se se sentir mais confortável, e concentre-se nas sensações onde seu corpo toca a almofada ou a cadeira. Observe, também, os lugares onde seu corpo se toca.

Estabeleça uma intenção consciente: por um período predefinido, você não se moverá. Se, com o passar do tempo, sem perceber, você se mexer ou mudar de posição, não dê a isso muita importância. Simplesmente observe o movimento e retorne à sua meditação. Depois de um tempo, você será capaz de perceber sua intenção de mover uma parte do corpo antes de fazê-lo.

Manter o corpo relaxado é muito importante. A tensão muscular geralmente acompanha um estado de tensão emocional, tornando difícil manter a atenção de forma gentil. Na meditação, deve-se prestar atenção com gentileza.

O meditador que inicia nessa prática com frequência encontra sua mente agitada. Você terá muitos pensamentos e relativamente poucos momentos de clara concentração. Isso é natural, e de se esperar. Tenha em mente que a divagação não é, realmente, uma interrupção; ela é parte integrante da meditação. Sem pensamentos surgindo, você não será capaz de desenvolver a capacidade de deixá-los ir. Portanto, não se recrimine nem se irrite com a divagação.

Por quanto tempo meditar? Em geral, qualquer quantidade de tempo gasto em meditação é mais importante do que não meditar. De início, procure meditar apenas pelo tempo que se sentir confortável com a prática. Pode ser apenas cinco minutos por dia. Se você insistir em meditar de forma forçada, poderá desenvolver aversão a ela. À medida que você progredir, a meditação se tornará mais fácil e agradável e o tempo poderá ser prolongado. A meta, ao fim de alguma prática, pode ser de 20 a 30 minutos por dia. Quanto mais, melhor.

2
MEDITAÇÃO COM A ATENÇÃO FOCADA NA RESPIRAÇÃO

- Escolha uma postura confortável. Procure relaxar o corpo, desmanchando as tensões existentes.
- Foque sua atenção na respiração. Sua respiração está sempre lá, como ondas do mar quebrando na beira da praia. Respire livremente, sem tentar mudá-la.
- Você pode observar a inspiração e a expiração notando as sensações do ar entrando e saindo pelas narinas, ou pelos movimentos do tórax ou do abdome.
- Sempre que sua mente divagar, volte gentilmente a atenção para o foco na respiração. Deixe que sua respiração traga sua consciência para o momento presente, o aqui e agora. Quando você se sentir distraído por pensamentos, simplesmente observe e retorne a atenção para a respiração. Não se irrite, pois é normal divagar.
- É importante prestar atenção na respiração e não, simplesmente, pensar nela. Sinta os movimentos respiratórios no tórax ou abdome, ou o atrito do ar na borda das narinas.
- Permaneça relaxado e mantenha a imobilidade. Em ocasiões de agitação, pode ser útil contar os movimentos respiratórios. Ao expirar, diga "um". Continue contando cada expiração: "dois... três... quatro...". Ao chegar ao "dez", comece novamente com "um". Se você perder a conta, basta recomeçar. Repita quantas vezes for necessário.
- Se uma sensação específica do seu corpo chamar sua atenção, deixe-a de lado e mantenha o foco na respiração. Se ela persistir, concentre-se na sensação até ela retroceder. Em seguida, volte sua atenção para a inspiração e a expiração e a contagem da respiração.
- Lembre-se de que não há um jeito certo ou errado de meditar: o único erro é deixar de praticar.

3

MEDITAÇÃO DE ATENÇÃO PLENA COM A RESPIRAÇÃO

MONITORAÇÃO ABERTA OU ATENÇÃO ABERTA

- Sente-se em uma posição confortável, com as costas eretas e a cabeça alinhada com a coluna vertebral.
- Mantenha os olhos semicerrados, mirando para baixo, cerca de um metro à sua frente, de forma difusa.
- Procure relaxar o corpo, fazendo uma rápida varredura de todas as suas partes, aliviando qualquer tensão. Sorria para si mesmo.
- Traga sua atenção para a respiração, focando nas sensações táteis do ar em torno das narinas, ou nos movimentos respiratórios do tórax ou abdome. Procure estabilizar a mente, contando de 10 a 20 movimentos respiratórios.
- Mobilize o foco de sua atenção para o momento presente, percebendo a presença de pensamentos ou sentimentos, ou ainda de sensações corporais. Se encontrar esses fenômenos, apenas os observe, sem acrescentar julgamentos, sem se identificar com eles ou expressar preferência ou rejeição por uns ou outros. Apenas registre sua presença, sem procurar modificá-los. Ao identificar um pensamento, por exemplo, observe o próprio ato de pensar, em vez do conteúdo do pensamento.
- Se achar confortável, você pode imaginar que está sentado na margem de um rio, vendo uma folha flutuar lentamente rio abaixo. Imagine um pensamento, sentimento ou percepção como a folha que passa, deixe-a desaparecer de vista. Volte a olhar o rio, esperando a próxima folha flutuar com um novo pensamento ou sensação.
- Permaneça relaxado, mantenha a imobilidade e procure não se deixar levar pelo que aparece no espaço mental. Observe que pensamentos, sentimentos e sensações são transitórios e, assim como aparecem, tendem a desaparecer. Não se aborreça com o que aparecer em sua consciência e não emita julgamentos (isso é bom/isso é ruim; quero/não quero, etc.). Procure não se identificar com os pensamentos ou sentimentos que surgirem em sua consciência.
- Mantenha em plano secundário e não perca de vista a respiração, que deve servir como uma âncora, à qual retorna-se periodicamente, permitindo uma estabilidade por todo o período da prática. A respiração nos retorna, sempre que necessário, ao momento presente.

- Ao perceber a presença de um pensamento ou sentimento, você pode repetir mentalmente: "pensando, pensando..." ou "sentindo, sentindo...". Isso ajuda a manter na consciência a qualidade de observador.
- Durante todo o período da prática, ao mesmo tempo que se mantém a consciência do momento presente, irão alternar-se períodos em que se registra a presença de pensamentos, sentimentos ou sensações e períodos em que se retorna à respiração, que atua como âncora de estabilidade sempre que você perceber que está divagando.

ALGUMAS CONSIDERAÇÕES ADICIONAIS

No estado meditativo dessa prática, a atenção está focada no momento presente. Nela, nós nos abrimos totalmente e sem julgamento ao que observamos no espaço mental, no corpo e no espaço exterior, sem resistir ou desejar algo diferente do que se apresenta. Com ela, cultivamos uma profunda aceitação e capacidade de descansar mais plenamente no momento presente. Ao longo do tempo, diminuímos o estresse cotidiano, ao mesmo tempo que desenvolvemos maior capacidade de concentração.

A divagação, que ocupa quase metade do tempo que estamos acordados, é constituída de lembranças do passado recente ou de pensamentos sobre o futuro. Muito do estresse cotidiano pode ser provocado por esses pensamentos, pois remoemos lembranças ou planejamentos que nos preocupam e nos fazem infelizes. Porém, quando vivemos no momento presente e a atenção está concentrada no que fazemos, não há espaço para arrependimentos, antecipação de falhas ou qualquer outro fator que possa causar estresse desnecessário.

A essência dessa prática é procurar observar passivamente o fluxo dos pensamentos, sentimentos e percepções, um após o outro, sem se preocupar em atribuir significado ou em classificá-los, deixando-os fluir e desaparecer, sem resistência.

Essa atitude de observador, de descentramento, permite testemunhar os processos mentais com mais discernimento. É possível perceber que os pensamentos são eventos mentais com os quais não precisamos nos engajar automaticamente. Isso nos ajuda a fugir do "piloto automático" ao qual, com frequência, estamos presos. Com a repetição da prática, isso tende a se tornar um hábito que ocorrerá ao longo das experiências diárias, permitindo uma nova maneira de estar no mundo, com mais clareza e serenidade.

4
EXPLORAÇÃO DO CORPO – VARREDURA CORPORAL (*BODY SCAN*)

Nessa meditação, você irá examinar cada parte do seu corpo percorrendo-o com sua atenção. Ao fazer isso, você poderá sentir muitas sensações corporais, como pressão, tensão, aperto, leveza, calor, frio, prazer, desprazer, vibração, pulsação, formigamento ou coceira. Algumas sensações poderão ser muito fortes, ou múltiplas, ou você poderá não sentir nada. Não existe uma experiência ou sensação correta. Apenas tome consciência, anote mentalmente tudo o que está acontecendo em seu corpo. Reserve o tempo necessário, em cada parte do corpo, para perceber as sensações que possam estar presentes. Este exercício tem o efeito de aumentar a consciência corporal, mas pode também promover relaxamento.

- Encontre uma postura de meditação confortável e relaxada. Você pode fazer essa prática permanecendo deitado, sentado ou mesmo em pé. Respire devagar e com profundidade, para se sentir mais tranquilo e se ancorar no momento presente.
- Inicialmente, coloque a atenção no topo de sua cabeça e observe, com gentileza, o que pode perceber ali. Disponha-se como um observador de dentro do corpo. Desloque sua atenção para as diversas partes do crânio: a parte superior do couro cabeludo, as partes laterais e a parte posterior da cabeça. Nem sempre é fácil sentir sensações no crânio, mas simplesmente observe o que está presente.
- Depois, gentilmente desloque sua atenção para a testa. Perceba, pouco a pouco, as diversas partes do rosto: os olhos, o nariz, as bochechas, os lábios e o queixo. Sinta todo o seu rosto, incluindo o interior da boca e das cavidades nasais. Imagine que o ar que você respira dirige-se para toda a cabeça, preenchendo-a com a inspiração e deixando-a com a expiração. Respire com a sua cabeça. Permaneça assim por algum tempo, ciente dessas sensações, com abertura e curiosidade.
- De uma forma gentil, abandone agora as sensações da cabeça e observe seu pescoço e sua garganta. Permaneça aí algum tempo e registre qualquer sensação, ou mesmo a ausência de sensações.
- Volte agora a atenção para seus ombros. Muitas vezes carregamos muita tensão neles; se os seus estiverem contraídos, relaxe-os. Respirando, solte e deixe cair os ombros. Respire fundo com os ombros e deixe o relaxamento acontecer nessa área do corpo.

- Examine, com gentileza, o braço esquerdo. Registre as sensações no braço, no cotovelo e no antebraço. Observe também sua mão e seus dedos do lado esquerdo. Procure sentir o seu corpo por dentro; não visualizando ou imaginando cada uma de suas partes, mas realmente sentindo toda e qualquer sensação, sutil ou não sutil, que esteja presente.
- De uma forma suave, vá agora para o braço, o cotovelo, o antebraço, a mão e os dedos do lado direito. Imagine, mais uma vez, que sua respiração penetra em seus braços e mãos, revigorando-os e desmanchando tensões. Respire com os seus braços, por algum tempo.
- Você percebe alguma vibração, formigamento, pressão, sensação agradável ou desagradável? Apenas registre o que existe nessa parte do corpo naquele momento, sem desejar que seja diferente, sem acrescentar julgamentos. Se notar que seu pensamento divagou, ou se notar a presença de algum sentimento, como tédio ou impaciência, apenas libere esses pensamentos ou sentimentos e retorne, com gentileza, sua atenção para a parte do corpo correspondente.
- Após, tome consciência de suas costas e comece pelo topo delas. Examine seu dorso pouco a pouco, como se estivesse iluminando cada parte com uma pequena lanterna. A varredura da atenção pode ser feita de um lado para o outro, de baixo para cima, ou mesmo em zigue-zague. Ou, se quiser, você pode fazer uma verificação global, até a região lombar. Não existe uma maneira correta, apenas examine com gentileza e atenção. Anote todas as sensações, ou a ausência delas.
- Dirija agora sua atenção para a frente do tórax. Da mesma forma que foi feito com as costas, examine cuidadosamente as sensações presentes na região do peito, descendo até a borda das costelas e, em seguida, deslocando sua atenção para o abdome. Respire fundo e deixe sua barriga relaxar. Às vezes, há muita tensão na área do estômago. Por isso, apenas respire, relaxe, observe o que está presente, observe o que existe aí nesse momento. Em seguida, continue a exploração para a **região pélvica**. **Procure sentir os órgãos na cavidade e no assoalho** pélvico. Respire profundamente e imagine agora que o ar de sua respiração penetra por todo o seu tronco na inspiração e se retira na expiração. Permaneça por algum tempo respirando com o tronco.
- Suavemente, desloque sua consciência para a articulação do quadril e, em seguida, para o topo da perna esquerda. Observe qualquer sensação que exista ali. Agora, vá descendo sua atenção pela coxa, para o joelho e para a panturrilha esquerda. Observe em seguida o tornozelo e o pé, até a ponta dos dedos do pé esquerdo.
- Depois, dirija-se para a articulação do quadril direito, deslocando gentilmente para baixo sua consciência, pela coxa, joelho e panturrilha direita. Procure sentir ainda o tornozelo, o pé e os dedos do pé direito.

- Dirija, mais uma vez, sua respiração para as pernas e os pés e respire com eles por alguns momentos.
- Agora, procure ter uma sensação global do seu corpo. Observe-o como um todo, do alto da cabeça até a ponta dos dedos dos pés. Com gentileza, sinta a sensação de habitá-lo. Você pode ter muitas pequenas sensações ou apenas uma sensação geral de como o corpo se encontra nesse momento. Respire com ele. Deixe-o receber o benefício da sua prática meditativa.
- Permaneça assim por alguns momentos e em seguida, gentilmente, comece a se movimentar, abra seus olhos se estiverem fechados e retome suas atividades de forma renovada e revigorada.

5
MEDITAÇÃO CAMINHANDO

A meditação caminhando pode ser tanto uma prática formal, como a que fazemos ao reservar um período para observar nossa respiração, quanto informal, ao trazermos a atenção consciente para o caminhar quando precisamos nos deslocar de um local a outro em nosso cotidiano.

A meditação caminhando nos dá a oportunidade de exercitar nossa atenção consciente, frequentemente perdida quando a mente é deixada à vontade, sem controle. Podemos praticar indo de um lugar a outro, em corredores ou andando do estacionamento para a casa ou para o trabalho. Movendo-se no interior de um prédio, em uma rua ou na natureza, é uma oportunidade de nos afastarmos do "piloto automático" que nos governa grande parte do dia.

- Antes de começar sua meditação, encontre um espaço, de preferência silencioso, onde possa caminhar. Não precisa ser grande: se você puder dar 10 a 15 passos é suficiente. O objetivo é apenas praticar uma forma intencional de caminhar. Pode ser dentro ou fora de casa, em um corredor ou mesmo em uma sala grande onde se possa caminhar de um lado para o outro.

- Ao começar, caminhe em um ritmo natural. Coloque as mãos onde quer que se sinta confortável: soltas, nas costas ou nas laterais do corpo. Caminhe lentamente ao longo da pista que você escolheu – mantendo os olhos mirando cerca de um metro à sua frente – e, ao final dela, faça uma pausa para respirar, vire com intenção e ande na direção oposta. Se achar útil, você pode contar os passos até 10 e, em seguida, iniciar novamente a contagem.
- A cada passo, preste atenção às sensações táteis na sola dos pés. Sinta como o calcanhar toca o chão, seguido pela planta do pé, pelos dedos e, em seguida, o pé que se levanta. Você pode dizer para si mesmo: "levantando... movendo... pousando...". Observe o movimento nas pernas e no resto do corpo. Fique atento a qualquer mudança de seu corpo de um lado para o outro.
- Se o pensamento divagar, retorne o foco da atenção (de maneira gentil, porém firme) para as sensações táteis nos pés e nos movimentos do corpo, guiando-o de volta quantas vezes for necessário. Basta notar a sequência de movimentos enquanto caminhamos, geralmente com movimentos lentos, de forma a acompanhar o que está acontecendo em cada momento. Dessa maneira, estamos desenvolvendo uma consciência contínua das modificações corporais.
- Se estiver ao ar livre, mantenha uma percepção do ambiente ao seu redor. Capte os seus sentidos, um por um. Ouça os sons, veja as cores e os movimentos, saboreie o ar ou o que quer que esteja em sua boca, sinta o calor ou a frieza da brisa em sua pele, cheire o ar. Procure saborear todos os seus sentidos, mas não divague, mantenha as sensações nos pés e nas pernas como uma âncora, para permanecer no momento presente, totalmente consciente e caminhando.
- Com a prática, podemos nos mover com mais rapidez, simplesmente notando cada vez que nossos pés tocam o solo, de forma relaxada e natural. É possível meditar até correndo! Basta sentir o fluir dos movimentos, momento a momento, com atenção plena. O objetivo não é chegar a qualquer lugar. Quando conseguimos estar presentes no fluxo de nossos movimentos, então teremos chegado ao destino almejado.
- Nos últimos momentos, volte à consciência das sensações físicas da caminhada. Observe seus pés tocando o chão. Observe mais uma vez os movimentos do seu corpo a cada passo. Quando você estiver pronto para terminar sua meditação, fique parado por um momento, respirando profundamente. Ao terminar, procure levar esse tipo de consciência para o resto do seu dia.

6
MEDITAÇÃO DA AMOROSIDADE
(LOVING-KINDNESS MEDITATION)

Ao longo dessa meditação, você procura gerar pensamentos e sentimentos de boa vontade, voltados inicialmente para você mesmo, incluindo depois outras pessoas: próximas, neutras e mais distantes.

- Sente-se confortavelmente, mas com uma postura digna, que reflita sua intenção em meditar.
- Feche os olhos, relaxe os músculos e respire fundo algumas vezes.
- Imagine-se experimentando um sentimento de bem-estar físico e paz interior. Sorria para si mesmo.
- Formule um sentimento de gentileza para si mesmo, aceitando o que você é, exatamente do jeito que você é.
- Repita mentalmente alguns pensamentos esperançosos em relação a si mesmo.
    - Que eu possa ser feliz.
    - Que eu possa estar seguro e livre de sofrimento.
    - Que eu possa ser saudável, pacífico e forte.
    - Que eu possa dar e receber afeição hoje e sempre.
- Aproveite esses sentimentos por alguns momentos.
- Se sua atenção se desviar, redirecione-a gentilmente de volta para esses pensamentos de amorosidade.
- Agora, procure mudar o foco para uma pessoa querida. Comece com alguém de quem você é muito próximo, como um cônjuge, uma filha, um pai ou a melhor amiga. Envie para essa pessoa um sentimento de boa vontade.
- Você pode repetir as seguintes afirmações ou frases semelhantes que provocam sentimentos de gentileza amorosa.
    - Que você possa ser feliz.
    - Que você possa estar seguro e livre de sofrimento.
    - Que você possa ser saudável, pacífico e forte.
    - Que você possa dar e receber afeição hoje e sempre.
- Traga agora à mente uma pessoa que é neutra para você. Talvez a atendente do restaurante ou do supermercado, um lavador de carros ou outra pessoa com quem você cruza ocasionalmente. Envie para essa pessoa o mesmo sentimento de boa vontade.

- Que você possa ser feliz.
- Que você possa estar seguro e livre de sofrimento.
- Que você possa ser saudável, pacífico e forte.
- Que você possa dar e receber afeição hoje e sempre.

- À medida que se sentir à vontade, você pode incluir outras pessoas, inclusive aquelas com as quais você tem dificuldade de relacionamento. Você pode até incluir, progressivamente, as pessoas em todo o mundo. Estenda a todos os seres humanos sentimentos de amorosidade, cheios de conexão e compaixão.
- Quando sentir que sua meditação está completa, abra os olhos, respire profundamente algumas vezes e retorne às suas atividades.

ALGUMAS CONSIDERAÇÕES ADICIONAIS

- As mensagens de boa vontade sugeridas são exemplos; você pode criar outras que façam sentido para você.
- Você não precisa sentir de fato uma emoção ao fazer essa prática. Tudo que é necessário é um sentimento ou um pensamento sincero de boa vontade. Aos poucos, as emoções poderão, com efeito, surgir.
- Dirigir sentimentos de boa vontade para pessoas com quem não nos damos bem costuma ser muito difícil quando começamos a praticar, e essa parte pode ser adiada para quando já estivermos mais acostumados a realizá-la. Quando conseguimos, isso promove sentimentos de perdão que levam a uma sensação de paz interior.
- Essa meditação pode ser praticada de outras maneiras. Você pode criar a meditação de amorosidade que funcionar melhor em seu contexto. Você pode reservar alguns minutos de sua prática diária de meditação para a amorosidade.

7
MEDITAÇÃO DA GRATIDÃO

A prática da gratidão pode ser usada para promover bem-estar, resiliência e esperança. À medida que experimentamos emoções positivas como gratidão, gentileza e compaixão, nossa consciência se amplia, nossas capacidades de criatividade e resolução de problemas florescem e nos tornamos mais eficazes nas coisas que decidimos fazer. Elas também nos tornam mais generosos e desenvolvem nossas propensões pró-sociais.

- Para começar, encontre um lugar seguro e tranquilo onde você saiba que não será perturbado.
- Sente-se ereto em uma posição confortável e estável, de modo que suas costas, pescoço e cabeça fiquem retos. Ou deite-se de costas em um lugar confortável, com algum apoio sob os joelhos. Afrouxe qualquer roupa apertada que impeça você de respirar confortavelmente.
- Permita que seus olhos se fechem suavemente ou mantenham um foco suave, olhando para cerca de 1 a 2 metros à sua frente.
- Respire lenta e profundamente para se acostumar ao momento presente e inicie o processo de se sentir mais tranquilo e centrado. Você pode prestar atenção na respiração, percebendo o ar que entra, na inspiração, e sai, na expiração.
- Agora, dedique algum tempo para examinar mentalmente o seu corpo em busca de áreas onde haja tensão, incômodo ou dor, e dirija sua respiração, quente e cheia de oxigênio, para essa área; ao expirar, solte a tensão.
- Em seguida, dirija sua atenção para o seu espaço mental e observe quaisquer pensamentos, memórias, planos ou associações, mas deixe-os ir. Ponha de lado qualquer coisa que não seja estar aqui, respirando, e enquanto você expira, permita que os pensamentos se dissolvam com a expiração.
- Depois, observe os sentimentos presentes em seu espaço mental: irritação, preocupação, medo, raiva, ciúme ou tédio. Apenas respire nessas emoções, observando-as e permitindo que elas fluam e se dissolvam enquanto você expira.
- Uma vez que o corpo, as emoções e os pensamentos estejam um pouco mais claros, mais espaçosos e mais abertos, podemos começar a nos concentrar nos eventos, nas experiências, nas pessoas, nos animais ou nos objetos pelos quais nos sentimos gratos. Procure gerar um sentimento de gratidão genuína ao trazê-los à consciência.
- Primeiro, lembre-se de que neste exato momento você já tem vários presentes extraordinários pelos quais é legítimo ser grato:
    - O presente da vida em si, que é o bem mais precioso. A fortuna de estar em um planeta que, se tratado com respeito, pode promover a manutenção de ecossistemas e de uma biodiversidade que garantem as condições para a sobrevivência de todos os seres vivos. Podemos ser gratos pela presença das condições climáticas, de oxigênio puro, de água potável e de solos férteis, que provêm o que necessitamos para a continuação da vida.

- É preciso lembrar, também, da sua vida em particular. Alguém deu à luz a você, alguém o alimentou quando era criança, trocou sua fralda, vestiu, deu-lhe banho, lhe ensinou a falar e a se comunicar.
- Considere o dom da visão, que lhe permite observar as belezas naturais: o céu, as estrelas, as florestas, as flores, as praias e as montanhas. Pela visão você pode observar as pessoas e objetos à sua volta, as obras de arte que lhe trazem uma experiência de admiração e reverência.
- O dom da audição, que lhe permite ouvir e apreender – o som de um pássaro, as notas de uma banda ou orquestra, as vozes de cantos e canções, o som da própria respiração, fluindo para dentro e para fora.
- O presente de um corpo saudável, que pode se locomover e perceber o mundo; de um batimento cardíaco, constante, regular, momento após momento, bombeando sangue fresco e vital para todos os seus órgãos.

- Agora, pense em todas as coisas que temos hoje, que tornam nossa vida mais fácil e confortável do que era para a maior parte das gerações que nos precederam. Tendemos a considerar essas coisas como garantidas e nos esquecemos que elas são dádivas que se renovam a cada dia:
  - Acionamos um interruptor e a luz aparece.
  - Abrimos uma torneira e obtemos água potável.
  - Ajustamos um termostato e o ambiente fica mais quente ou mais frio.
  - Temos telhado para nos manter secos quando chove, paredes para impedir a entrada do vento, janelas para deixar entrar a luz, telas para afastar os insetos.
  - Entramos em um veículo, seja terrestre ou aéreo, e ele nos leva para onde queremos ir.
  - Temos acesso a máquinas de lavar e roupas para vestir e lugares para guardá-las.
  - Existem artefatos que armazenam a comida na temperatura certa e nos ajudam a cozinhá-la sem precisarmos coletar madeira e acender o fogo em condições precárias. Temos água encanada e gás em nossa residência.
  - Temos bibliotecas reais e acervos virtuais, com milhares de informações: livros, documentos, vídeos e gravações, tudo ao nosso alcance.
  - Temos escolas, com professores que podem nos ensinar a ler e a escrever, e a obter inúmeras habilidades e informações que estavam disponíveis apenas para poucos há apenas algumas dezenas de anos.
- Agora, reserve um momento para refletir sobre os milhares de pessoas que trabalham duro, geralmente sem conhecer você, para tornar sua vida mais fácil ou mais agradável. Por exemplo:

- Aqueles que plantam, cultivam e colhem sua comida. Aqueles que transportam esse alimento até o mercado.
- Aqueles que constroem e mantêm as estradas e as ferrovias que facilitam o transporte dos alimentos. Aqueles que mantêm os veículos de transporte. E motoristas, carregadores e descarregadores.
- Aqueles que dedicam tempo e esforço para projetar os locais de compra e venda, as prateleiras, a embalagem que mantém o alimento seguro e permite que você encontre o que precisa.
- Aqueles que preparam sua comida e aqueles que promovem as condições de higiene, limpeza e segurança dos locais onde você reside ou trabalha.
- Aqueles que projetam operações e se empenham para coletar, descartar e fazer reciclagem do lixo.
- Aqueles que mantêm os servidores para que você possa obter e enviar mensagens eletrônicas e acessar a internet.
- Aqueles que trabalham no serviço postal. Aqueles que classificam as encomendas, outros que as entregam.
- Aqueles que produzem notícias, vídeos e fotos, e aqueles que criam os muitos mecanismos pelos quais os conteúdos chegam até você.
- Aqueles que praticam esportes, criam arte ou música, ou fazem poemas ou filmes para entretê-lo e elevá-lo.

> E a maioria delas são pessoas que você nunca conheceu ou mal conhece.

- Agora, considere as pessoas e os animais que você realmente conhece e que enriquecem sua vida, aqueles que sorriem para você e o animam, aqueles familiares, amigos, conhecidos, colegas e mesmo aqueles ancestrais que trabalharam para que você pudesse viver bem. Aqueles amigos e amigas que o apoiam quando você precisa.
- Em seguida, pare um momento para refletir sobre suas razões particulares para se sentir grato nesse momento da sua vida. Há sempre muito para mobilizar nossa gratidão, ela pode encher o coração e a mente, elevando nosso espírito.
- Lembre-se, também, de que a gratidão gera o sentimento da reciprocidade. Ela nos convida a ser generosos e a retribuir com palavras e gestos o muito que recebemos da comunidade e do mundo a nossa volta.
- Estamos terminando a prática, procure perceber as sensações do seu corpo e sua respiração. Descanse em silêncio por algum tempo, notando como você se sente em todo o corpo, suas emoções e seus pensamentos. Sem julgamento, apenas

percebendo as coisas como elas são. Gentilmente alongue suas mãos e braços, pés e pernas. Volte às atividades do cotidiano de forma renovada.

PRÁTICAS INFORMAIS

As práticas descritas até aqui são denominadas práticas formais. Nelas, o meditador reserva um tempo específico para meditar, deixando de lado as atividades correntes no dia a dia. Mas existem também práticas informais, em que se procura exercitar de forma consciente a atenção voluntária, sem abandonar as atividades comuns do cotidiano. Assim, podem-se trazer para a vida diária aquelas atitudes e habilidades desenvolvidas nas práticas formais, de maneira que a atenção plena passa a ser exercida de modo mais constante ao longo dos dias. Algumas dessas práticas são descritas a seguir.

8
LAVANDO AS MÃOS COM ATENÇÃO PLENA

- Antes de abrir a torneira, sinta as sensações do seu corpo: você está confortável ou tenso? Relaxe.
- Preste atenção nos pés tocando o solo. Como está a disposição no espaço do tronco, da cabeça e nos braços?
- Enquanto dirige os seus braços em direção à torneira, sinta o movimento da sua musculatura.
- Abra a torneira. Que força é necessária para abri-la? Ouça o barulho da água que começa a fluir.
- Molhe as suas mãos e sinta a temperatura da água. Perceba as sensações táteis da água corrente que molha a sua pele, ao mesmo tempo que ouve o barulho da água a fluir.
- Esfregue o sabonete na palma e no dorso das duas mãos, mas também nas unhas e individualmente em cada um dos dedos. Esfregue vagarosamente as mãos uma na outra. Conte de um a dez (lembre-se de fechar a torneira durante esse processo).

- Sinta o aroma e a textura da espuma do sabonete. Preste atenção no barulho das mãos.
- Se você sentir que sua mente está divagando, reconecte-se com as sensações do seu corpo e retorne a sua atenção, gentilmente, para as suas mãos.
- Continue esfregando as mãos por mais algum tempo. Sinta as sensações táteis que isso provoca. Observe, visualmente, os movimentos das suas mãos. Não tenha pressa, conte novamente de um a dez, pois o ideal é gastar em torno de 20 segundos em todo o processo.
- Abra a torneira e sinta, de novo, a água nas mãos. Preste atenção no barulho relaxante da água que flui. Observe o sabão que é dissolvido e desaparece no ralo da pia.
- Seque as mãos com uma toalha de papel ou de tecido, sentindo todas as sensações táteis que ela provoca na pele.
- Respire fundo e relaxe. Sorria para si mesmo e retorne às suas atividades normais.

9
COMENDO COM ATENÇÃO PLENA (*MINDFUL EATING*)

Comemos todos os dias. Porém, com que frequência fazemos isso prestando atenção ao momento em que estamos comendo? Mesmo quando estamos sozinhos, comemos assistindo à TV, olhando para a tela do celular, ou estamos divagando, longe do que está acontecendo naquele momento. Podemos fazer uma refeição completa rapidamente e sem nos darmos conta do que ocorreu.

No entanto, podemos comer conscientemente, mesmo que seja por alguns momentos durante a refeição e mesmo que estejamos acompanhados. O ideal, naturalmente, é desligar a TV e ficar longe do aparelho celular. Vamos ver um exemplo de comer conscientemente. Pode ser uma refeição rápida, como um sanduíche.

- Poste-se na frente da comida e respire fundo. Observe a cor, a forma e a textura da comida. Parece atraente? Você sente fome? O que quer que esteja sentindo, observe. Esteja ciente de sua intenção de começar a comer.

- Mova sua mão lentamente em direção ao sanduíche. Ao fazer isso, registre mentalmente sua ação. Você pode dizer para si mesmo: "alcançando... alcançando...". Ao rotular suas ações, é mais fácil manter a atenção consciente no seu propósito.
- Ao pegar o sanduíche, observe sua mão ao aproximá-lo da boca e pare um momento para cheirá-lo. Que aromas você reconhece? Você sente o cheiro de algum ingrediente em particular? Como seu corpo reage ao cheiro? Está com água na boca? Observe a sensação do seu corpo antecipando a comida.
- Ao dar a primeira mordida, sinta seus dentes penetrarem no pão. Quando a mordida está completa, como a comida se posiciona no interior da boca? Como sua língua posiciona a comida de forma que possa ser mastigada?
- Comece a mastigar lentamente. Quais são as sensações táteis no interior da boca? Como a língua se move quando você mastiga? Que sabores você está experimentando? Algum em especial? Que parte da sua língua experimenta o sabor? Observe a mudança de textura do alimento ao ser mastigado.
- Onde está seu braço? Você notou seus movimentos? E o resto do corpo, como está? Desmanche alguma tensão existente.
- Ao engolir, tente estar ciente de como os músculos da faringe se contraem e empurram a comida para o estômago. Você pode sentir as sensações no seu estômago? Está vazio, cheio ou em algum ponto intermediário?
- Enquanto você come o sanduíche, repita essas observações e tente ficar atento ao maior número de sensações possível. Rotule silenciosamente cada movimento ou observação, se achar confortável. Se você se distrair, retorne a atenção para o ato de comer.
- Perceba como pouco a pouco você se sente saciado. Não force a ingestão de alimento quando não tiver mais vontade de comer. Ao terminar, respire fundo e retorne às suas atividades.

10
TRÊS MINUTOS DE ESPAÇO PARA RESPIRAR

Essa é uma prática rápida ou informal. Pode ser feita ao longo do dia, sempre que precisarmos nos recompor em meio ao estresse cotidiano. Apesar de a prática ter o nome de três minutos, ela pode ser feita mais rapidamente, ou se estender por mais tempo. Para os profissionais da saúde, por exemplo, pode ser feita no intervalo entre um atendimento e outro.

PRIMEIRA FASE: RECONHECIMENTO

- Adote uma postura ereta, sentado ou em pé. Feche os olhos, ou mantenha-os semicerrados. Traga a consciência para o espaço interior.
- Suspendendo qualquer julgamento, observe os **pensamentos** que passam por sua mente: uma atenção suave e aberta. Procure reconhecê-los apenas como transitórios eventos mentais.
- Tome consciência de seus **sentimentos**. Atente para a presença de emoções, agradáveis ou desagradáveis. Reconheça-os simplesmente como sentimentos, sem se identificar com eles ou tentar torná-los diferentes do que são.
- Verifique quais **sensações corporais** estão presentes. Faça, rapidamente, uma varredura corporal, reconhecendo essas sensações, porém, mais uma vez, sem tentar mudá-las de forma alguma.

SEGUNDA FASE: RESPIRAÇÃO

- Agora, dirija a atenção para as **sensações físicas da respiração**. Atente para os movimentos respiratórios na inspiração e na expiração. Verifique a sua velocidade, extensão e qualidade. Basta notar a respiração, sem alterá-la.
- Use a respiração como uma oportunidade para ancorar-se no momento presente. Se a mente divagar, traga a atenção de volta para a respiração, com gentileza e sem julgamento.

TERCEIRA FASE: EXPANSÃO

- Agora, amplie a consciência da respiração para que ela inclua o **corpo como um todo**, como se todo o corpo estivesse respirando. Se observar qualquer sensação de desconforto ou tensão, procure imaginar que a respiração pode se mover para dentro e em torno dela, aliviando e dissolvendo essas sensações.
- Observe como o seu corpo se sente, sem pensar na respiração – em vez disso, sintonize-se com as sensações corporais, momento a momento.

- Explore as sensações de forma amigável em vez de tentar mudá-las. Se seu pensamento divagar, volte a concentrar-se na consciência de todo o corpo, momento a momento.
- Quando se sentir pronto, respire fundo, abra os olhos e retome suas atividades.

11
DESLOCAMENTO CONSCIENTE NO TRÂNSITO

DIREÇÃO CONSCIENTE (*MINDFUL DRIVING*)

Tráfego pesado ou parado e motoristas impacientes são uma fórmula perfeita para acionar a resposta de "lutar ou fugir". A irritação se transforma facilmente em raiva, que entra em erupção, elevando o estresse e deixando a razão para trás. Quanto pior o tráfego, maior o estresse.

Mas não precisa ser assim. Na verdade, o engarrafamento mais irritante pode oferecer uma oportunidade para aumentar a atenção, o senso de conexão com os outros e restaurar um pouco de equilíbrio e compreensão. Veja uma prática simples, que pode ser utilizada mesmo nas paradas rápidas dos semáforos.

- Primeiro, respire fundo e procure relaxar.
- Traga sua atenção para o momento presente. Busque investigar com todos os seus sentidos o que está ao seu redor. Alguns aspectos agradáveis do ambiente podem ter passado despercebidos até agora. Quem sabe o céu, algumas árvores, diferentes sons ou aromas, uma cena interessante.
- Leve a atenção para o seu corpo e pergunte a si mesmo o que você precisa nesse momento. Pode ser que você precise se sentir seguro, à vontade ou apenas de algum alívio. Essa compreensão ajuda a trazer equilíbrio. Aceite o momento como ele é.
- Procure desmanchar as tensões pelo corpo e traga para si um pouco de autocompaixão: "Posso ficar à vontade, me sentir seguro, posso estar bem".

- Olhe em volta e observe que os outros motoristas são exatamente como você. Todos no tráfego querem a mesma coisa: uma sensação de alívio e bem-estar e sentir-se seguros até chegar ao destino. Provavelmente, você verá motoristas um pouco irritados ou agitados, mas verá também aquele que está calmo ou sorrindo (o que pode ajudar a diminuir seu próprio estresse). Você pode dirigir a todos eles o que você acabou de oferecer a si mesmo: "Que você possa ficar à vontade, se sentir seguro, estar bem".
- Respire fundo outra vez e retome o seu trajeto.

NO TRANSPORTE COLETIVO

O deslocamento diário para o trabalho ou para casa é, sem dúvida, uma das coisas mais estressantes que fazemos no dia a dia. Se você caminha, pega *van*, ônibus ou metrô, sempre há muitas coisas que acontecem em sua jornada que causam estresse: atrasos, engarrafamentos, greves de coletivos ou a costumeira superlotação... No entanto, pode ser uma oportunidade para aumentar a atenção, o senso de conexão com os outros, e restaurar um pouco de equilíbrio e compreensão.

Na fila ou espera

Quando estamos com pressa, ansiosos para chegar ao trabalho ou em casa, uma fila ou espera costuma ser muito irritante, mas todos nós eventualmente passamos por esse tipo de experiência. Então, por que não tentar ver esse momento como uma oportunidade para praticar a atenção plena e reduzir a impaciência?

Você pode até descobrir que sua jornada para o trabalho oferece novas oportunidades para relaxamento e meditação. A espera, na verdade, é uma chance de diminuir a velocidade e fazer uma pausa.

- Quando você tem um lugar para ir, é fácil ficar irritado com as pessoas que atrapalham ou se atrapalham com os bilhetes. É bom respirar fundo e com atenção, e expirar dissipando sua frustração.
- Coloque levemente sua consciência na respiração. Respire profundamente, devagar, prendendo o ar nos pulmões antes de soltá-lo.
- Observe qualquer tensão em seu corpo. Procure relaxar.

- Observe os pensamentos negativos e procure não se identificar com eles. Evite ser envolvido por suas queixas. Repita mentalmente: "Estou calmo, posso ser paciente".
- Não se prenda no seu celular. A atração do telefone é forte, mas ignorá-lo ajuda a se concentrar no momento presente.
- Procure aceitar com abertura o momento como ele é. Essa é uma oportunidade para nos treinar a ser menos reativos a eventos menores.

No interior do coletivo

- Frequentemente, ouvimos música ou usamos o celular como distração em nossos deslocamentos, o que facilita permanecermos no "piloto automático". Faça pelo menos uma pequena pausa para **observar o momento presente**. Experimente o silêncio. Olhe pela janela e observe a cena que passa como se a estivesse vendo pela primeira vez. Esteja ciente de seu entorno. Observe como a jornada afeta seus sentidos: sinta como seu corpo é afetado pelo movimento do veículo. Ouça o que está ao seu redor, como os sons se misturam. Observe os anúncios, as pessoas e como essas coisas mudam a cada momento.
- Concentre-se na **respiração**. Respire. Preste atenção ao seu ritmo, se necessário colocando a mão no estômago e sentindo o movimento natural no abdome, longe da cabeça agitada. Em geral estamos totalmente presos nos próprios pensamentos. No início do dia, você pode estar às voltas com uma lista mental das coisas que precisa fazer. No final do dia, pode estar obcecado com os eventos das últimas horas. Não é de admirar que estejamos cansados e que nossa mente esteja constantemente viajando para longe. Fuja da divagação focando em sua respiração.
- Dirija a atenção para o **seu corpo**. Traga sua atenção para dentro. Preste atenção aos **seus pés**. Eles estão muito distantes de sua cabeça, mas são eles que sustentam o corpo diariamente. Respire lenta e profundamente e dirija sua atenção para a sola dos pés. Observe a sensação do peso do corpo e o contato dos dedos dos pés e dos calcanhares com o chão. Tente mudar o peso de um lado para o outro. Deixe sua mente se concentrar nesse foco. Relaxe.
- Promova alguma **gentileza**. Respire fundo algumas vezes para estabilizar a mente e traga para si um pouco de autocompaixão, repetindo mentalmente: "Posso ficar à vontade, me sentir seguro, posso estar bem". Depois, escolha uma pessoa que possa ver por perto e foque nela. Então, diga mentalmente: "Espero que você possa estar bem" ou "Espero que você seja feliz". Não peça nada em troca. Isso não é uma troca verbal, é apenas um pensamento de boa vontade.

- Ao fim da viagem, procure manter a consciência plena enquanto se dirige ao seu destino.

12
O ACRÔNIMO "RAIN" NA REGULAÇÃO EMOCIONAL

Pode-se utilizar o acrônimo RAIN como uma maneira de lembrar uma sequência de condutas que podem ser úteis na autorregulação emocional. Elas podem ajudar a suportar a presença das emoções tidas como negativas e também para usufruir das emoções positivas. O acrônimo RAIN é construído desta forma: R = Reconhecer; A = Aceitar; I = Investigar e N = Não se identificar. Mesmo na ausência de um estado emocional, ainda assim podemos nos recolher, imaginar uma situação mobilizadora e procurar seguir as etapas do RAIN, visando ao treinamento para lidar com as emoções e a criação de um hábito saudável.

R = RECONHECER

O primeiro passo é reconhecer o que está acontecendo. Somente tendo consciência da emoção que está presente poderemos ser resilientes e promover a sua regulação. Pode-se dizer para si mesmo: parece que existe uma raiva se manifestando. Muitas vezes, nomear a emoção que se sente já ajuda a lidar com ela.

A = ACEITAR

Em seguida, é importante aceitar os sentimentos e sensações corporais, permitindo que eles estejam presentes. As emoções acontecem a todos, não são boas ou más por si mesmas. E são processos transitórios. Ainda que desagradáveis, podemos observar sua presença, não desejando fugir deles ou ceder a eles de forma automática.

I = INVESTIGAR

O próximo passo é explorar o que está acontecendo, com abertura e curiosidade. Dirigir a atenção conscientemente para a experiência presente, concentrando-se no que está se passando no corpo e no espaço mental. O que está acontecendo comigo? Como estou me sentindo neste momento? Dessa maneira, podemos deixar de alimentar os pensamentos negativos e podemos introduzir um espaço para uma resposta consciente, ao invés de uma reação automática.

N = NÃO SE IDENTIFICAR*

A próxima etapa é perceber claramente que não somos os processos que estão ocorrendo e que não precisamos nos identificar com eles. É possível observar sentimentos e emoções de uma forma descentrada, reconhecendo que aquele é um momento de sofrimento, no qual devemos ser gentis e tolerantes para com nós mesmos.

13
AMOROSIDADE: ASSIM COMO EU

Pense em uma pessoa específica, que pode ser próxima, neutra ou mesmo alguém com quem tenha dificuldade de relacionamento. Leia os tópicos a seguir, lentamente, para si mesmo, fazendo uma pausa no final de cada frase para reflexão.

- Essa pessoa tem um corpo e uma mente, assim como eu.
- Essa pessoa tem sentimentos, emoções e pensamentos, assim como eu.
- Essa pessoa, em algum momento de sua vida, ficou triste, decepcionada, irritada, ferida ou confusa, assim como eu.
- Essa pessoa sofreu, dor física ou emocional, assim como eu.
- Essa pessoa deseja ser livre de dor e sofrimento, assim como eu.

---

* No caso das emoções positivas, essa etapa pode ser substituída por um sentimento de gratidão pela experiência vivida. Nesse caso, o N seria Nutrir com gratidão.

- Essa pessoa deseja ser saudável e amada, e ter relacionamentos gratificantes, assim como eu.
- Essa pessoa deseja ser feliz, assim como eu.

Alguns desejos:

- Eu desejo que essa pessoa tenha a força, os recursos e o apoio emocional e social para superar as dificuldades da vida.
- Eu desejo que essa pessoa possa estar livre de dor e sofrimento.
- Eu desejo que esta pessoa possa ser feliz.
- ... Porque essa pessoa é um ser humano, assim como eu.
(Pausa)
- Eu desejo que todos que eu conheço possam ser saudáveis, viver em segurança e estar bem.
(Pausa)
- Termine com um minuto de meditação simples.

14
UMA SESSÃO DE AUTOCOMPAIXÃO

Quando as emoções negativas se instalam, quando você está estressado, sentindo-se oprimido ou sofrendo de alguma forma, reserve um momento para estar com você mesmo.

- Dirija sua atenção para as sensações corporais. No seu corpo, onde você sente um incômodo? Permita-se sentir essas sensações por alguns momentos.
- Reconheça o sofrimento. Diga algo como: "Isso machuca" ou "Isso é muito duro".
- Lembre-se de que você não está sozinho. Pense: "Outras pessoas já tiveram que lidar com isso também" ou "Todo mundo sofre em algum momento da vida".
- Conceda-se uma dose de autocuidado, como um abraço, dizendo algo que se encaixa na situação: "Eu mereço ser gentil comigo mesmo", "Eu aceito a mim mesmo da maneira como eu sou", "Eu certamente vou me sair bem dessa" ou "Que eu seja paciente e forte nessa situação".

Esta prática pode ser usada a qualquer momento. Se você experimentá-la com calma, poderá perceber os três componentes da autocompaixão: a autogentileza, a humanidade em comum e a atenção plena no momento em que você mais precisa delas.

Mantra:

> "Esse é um momento de sofrimento.
> Sofrimento é parte da vida.
> Que eu possa ser gentil comigo mesmo nesse momento.
> Que eu dê a mim mesmo a compaixão que necessito."
>
> (Baseado em Kristin Neff)

15
PROA – PRÁTICA INFORMAL PARA FOCAR A CONSCIÊNCIA

PRÁTICA DA MAÇANETA

Essa prática tem por base a compreensão de que, quando saímos do modo "piloto automático", podemos nos situar no momento presente e ver com mais clareza o que precisa ser feito ou, talvez, o que não é a hora de fazer. Para isso, utilizamos o acrônimo PROA.

- **P** – Pare o que você está fazendo.
- **R** – Respire profundamente.
- **O** – Observe o seu corpo e o que está acontecendo ao seu redor.
- **A** – Avance conscientemente. Pergunte a si mesmo: "Qual é a coisa mais hábil a ser feita a seguir?".

Pode ser chamada de prática da maçaneta, porque cada vez que você coloca a mão em uma maçaneta da porta para ter a próxima experiência com outro ser humano, seja uma visita a um cliente, seja uma reunião administrativa, você pode se lembrar de fazer isso.

Pratique e lembre-se: **P**are. **R**espire algumas vezes. **O**bserve e verifique como estão as coisas. **A**vance com escolha e intenção. (Modificada a partir da prática STOP – sugerida pelo Dr. Mark Bertin.)

16
DESPERTAR CONSCIENTE: COMECE O DIA COM UM PROPÓSITO

Nossas intenções precedem nossa conduta em relação ao que pensamos, dizemos ou fazemos. As intenções, no entanto, com frequência derivam do "piloto automático", pois sabemos que boa parte da cognição é processada de forma inconsciente. Há um processamento mais rápido e autônomo e outro mais lento, consciente e deliberativo, que depende da memória operacional, regulada pelo córtex pré-frontal. Como o processamento inconsciente é responsável pela maior parte das decisões e dos comportamentos no cotidiano, a prática que descrevemos a seguir pode ajudar a promover o pensamento consciente, de modo que a conduta tenha mais propósito e esteja alinhada com nossos objetivos maiores e de longo prazo.

Definir uma intenção, mantendo na mente as motivações primárias, ajuda a aumentar a probabilidade de que seus pensamentos, palavras e ações (especialmente durante momentos de dificuldade) sejam mais conscientes e compassivos. É melhor fazer essa prática pela manhã, antes de se envolver com celulares ou computadores.

- Ao acordar, sente-se na cama ou em uma cadeira, em uma postura relaxada. Ou, talvez, você prefira fazer essa prática ainda deitado, antes de sair da cama. Nesse caso, deite-se de costas, com as mãos ao lado do corpo ou sobre o abdome. Feche os olhos e conecte-se às sensações do seu corpo.
- Comece com respirações longas e profundas. Deixe a respiração assentar em seu próprio ritmo, observando os movimentos do peito e da barriga. Pense nas pessoas e nas atividades que você enfrentará ao longo do dia e pergunte a si mesmo:
  – O que devo fazer hoje para alcançar meus objetivos?
  – Quais qualidades interiores desejo fortalecer, visando meu crescimento pessoal?
  – O que preciso fazer para me cuidar melhor?

- Em momentos difíceis, como posso ser mais compassivo com os outros e comigo mesmo?
- Defina sua intenção para o dia. Por exemplo: "Hoje serei gentil comigo mesmo", "Serei paciente e generoso com os outros", "Estarei conectado com o momento presente", "Serei perseverante", "Prestarei atenção às emoções positivas", "Procurarei me alimentar de maneira saudável".
- Durante o dia, examine sua conduta de tempos em tempos. Faça uma pausa, respire e revise sua intenção.

Observe que, à medida que você se torna mais consciente de suas intenções para cada dia, a qualidade de seu trabalho, de seus relacionamentos e do seu humor pode mudar para melhor.

SUGESTÕES PARA INCORPORAR *MINDFULNESS* AO COTIDIANO

- Quando você acorda, antes de sair da cama, sinta o seu corpo. Tome consciência de alguns ciclos de respiração. Conecte-se com sua intenção para o dia que começa.
- Durante o dia, reserve alguns minutos para uma prática formal de *mindfulness*, como a atenção na respiração. Durante essa prática, quando notar que a mente tem vida própria e vagueia aqui e ali, lembre-se de que é isso mesmo que as mentes fazem, então não há necessidade de se aborrecer: sem julgamento ou crítica, traga mais uma vez a respiração para o centro do palco da sua consciência. Repita isso sempre que necessário.
- Ao longo do dia, procure observar os sons ao redor: entrar em sintonia com o som do vento, da chuva, do tráfego, dos pássaros, etc. Ouça o barulho de fundo das conversações.
- Sempre que comer ou beber alguma coisa, procure ter um momento para conectar-se com o que está fazendo. Pause e veja como se sente, se você está com fome e de que tipo de alimento seu corpo sente falta. Conecte-se com a experiência sensorial de comer – com o gosto, o cheiro, a textura dos alimentos. Observe a mastigação, o desejo de engolir, a deglutição real. Sintonize-se com o efeito da ingestão de determinados alimentos.
- Observe seu corpo quando você andar ou ficar parado. Tome um momento para observar sua postura. Preste atenção no contato do solo sob os seus pés. Sinta o ar em seu rosto, braços e pernas enquanto caminha.

- Você está com pressa? Sua mente já foi para onde você está indo? Volte para o momento presente.
- Tome consciência do ouvir e falar. Você consegue ouvir com atenção, sem concordar ou discordar, dando conselhos ou planejando o que você vai dizer quando for a sua vez? Ao falar, você consegue dizer o que precisa, sem os rótulos e julgamentos habituais, e sem exagerar ou subestimar as coisas? Você consegue perceber como o corpo e a mente se sentem nas interações sociais?
- Sempre que tiver que esperar em uma fila ou em um sinal vermelho, use esse tempo para perceber a postura e a respiração. Sinta o contato de seus pés no chão e como seu corpo se sente. Esteja presente no momento atual.
- Procure estar ciente de quaisquer pontos de tensão em seu corpo ao longo do dia. Existe tensão armazenada em algum lugar, por exemplo, no pescoço, nos ombros, no abdome, na mandíbula ou na parte inferior das costas? Veja se você pode dirigir a respiração para o local e, ao expirar, dissolver o excesso de tensão. Se possível, alongue-se ou faça yoga uma vez por dia.
- Foque a atenção nas atividades diárias, como escovar os dentes, tomar uma ducha, lavar os pratos, exercitar-se na academia, calçar os sapatos, trabalhar. Qualquer coisa que esteja acontecendo na sua vida no momento presente. Traga curiosidade e consciência para cada atividade.
- Ao preparar-se para dormir à noite, preste atenção no corpo e na respiração por alguns momentos. Deixe de lado a tensão e procure sentir o calor e a suavidade da sua cama.
- Lembre-se: *mindfulness* significa ter consciência do momento presente, vivido com abertura e curiosidade.

> *Mindfulness* não é uma técnica; é uma maneira de estar presente no mundo, de estar em sintonia com os momentos vividos, com clareza, aceitação e serenidade.

ÍNDICE

A letra f indica figura

A
Admiração, 92
Alça corporal, 56f
Alegria, 92
Alívio, 92
Amígdala, 56f
Amor, 95
Ansiedade, 71
Atenção, 13, 15
Atenção e sua regulação, 9-23
    atenção, 13, 15
    autorregulação, 13
    circuitos neurais, 12f
    controle neural, 10
    equilíbrio atencional, 21
    estágios, 19f
    meditação, 17
    multitarefa, 15
    práticas de meditação, 21
    regulação atencional, 17
Autoaceitação, 124
Autocompaixão, 103
Autonomia, 123
Autorregulação, 13, 99

Autorregulação emocional, 84
　aceitar, 85
　investigar, 85
　não se identificar, 86
　reconhecer, 84

B
Bem-estar conativo, 132

C
Cíngulo, giro do, 115f
Circuitos neurais, 12f
Ciúme, 75
Cognição, 37, 39f
　e sua regulação, 25-43
　equilíbrio cognitivo, 40
　fenômeno da consciência, 36
　hemisférios cerebrais, 35f
　ilusão do controle, 33
　intérprete, 33
　meditação, 37
　pensamento, 39f
　práticas de meditação, 40
　secção do corpo caloso, 35f
　tipos de, 29
Compaixão, 92, 103
Comunicação atenta, 128
Consciência, fenômeno da, 36
Controle neural, 10
Controle neural central, 50, 98
Controle neural periférico, 50, 98
Corpo caloso, secção do, 35f
Crescimento pessoal, 123
Culpa, 74

D
Diversão, 93
Domínio ambiental, 123
Dor, 69-90, 75
　diferentes componentes do processamento, 77
　ver Emoções negativas, a dor e o estresse

E
Elevação, 93

Emoções, 45
Emoções básicas, 47f
Emoções e sua regulação, 45-67
　alça corporal, 56f
　amígdala, 56f
　avaliação, mudança na, 59
　características, 48
　classificação, 47
　componentes, 48
　controle neural central, 50
　controle neural periférico, 50
　emoções, 45
　emoções básicas, 47f
　emoções, papel do corpo nas, 54
　experiência emocional, 58f
　expressões faciais, 47f
　ínsula, 56f
　meditação, 61
　modelo sequencial, 59f
　práticas de meditação, 63
　processamento emocional, 51f
　regulação da atenção, 59
　regulação emocional, 57, 61
　sistema nervoso parassimpático, 53f
　sistema nervoso simpático, 53f
　situação, modificação da, 59
　situação, seleção da, 59
　tomada de decisão, papel do corpo na, 54
　vias nervosas, 51f
Emoções negativas, 69
　ansiedade, 71
　ciúme, 75
　culpa, 74
　frustração, 74
　inveja, 74
　medo, 71
　nojo, 74
　raiva, 70
　repugnância, 74
　tristeza, 73
　vergonha, 75
Emoções negativas, a dor e o estresse, 69-90
　autorregulação emocional, 84
　dor, 75

estresse, 80
emoções negativas, 69
práticas de meditação, 86
Emoções, papel do corpo nas, 54
Emoções positivas, 91-111, 92
   admiração, 92
   alegria, 92
   alívio, 92
   amor, 95
   autocompaixão, 103
   autorregulação, 99
   compaixão, 92, 103
   controle neural central, 98
   controle neural periférico, 98
   curiosidade, 93
   diversão, 93
   elevação, 93
   equilíbrio emocional, 106
   esperança, 93
   gentileza, 93
   gratidão, 94
   importância, 96
   inspiração, 94
   orgulho, 94
   perdão, 94
   práticas de meditação, 106
   serenidade, 95
Equilíbrio atencional, 21
Equilíbrio cognitivo, 40
Equilíbrio emocional, 106
Equilíbrio motivacional, 133
Esperança, 93
Estresse, 69-90, 80
   ver Emoções negativas, a dor e o estresse
Eudemonismo, 125
Eudemonismo e hedonismo, 120
Experiência emocional, 58f
Expressões faciais, 47f

F
Felicidade, busca da, 119
Frustração, 74

G
Gentileza, 93
Gratidão, 94

H
Hedonismo e eudemonismo, 120
   autoaceitação, 124
   autonomia, 123
   crescimento pessoal, 123
   domínio ambiental, 123
   propósito na vida, 123
   relacionamento positivo, 123
Hemisférios cerebrais, 35f
   visão medial de, 115f

I
Ilusão do controle, 33
Importância, 96
Inspiração, 94
Ínsula, 56f
Interações sociais, 126
Intérprete, 33
Inveja, 74

M
Meditação, 17, 37, 61, 125, 132, 149-172
Medo, 71
Mindfulness ao cotidiano, 176
Motivação e sua regulação, 113-137
   bem-estar conativo, 132
   cíngulo, giro do, 115f
   comunicação atenta, 128
   equilíbrio motivacional, 133
   eudemonismo, 120, 125
   felicidade, busca da, 119
   hedonismo, 120
   hemisfério cerebral, visão medial de, 115f
   interações sociais, 126
   meditação, 125, 132
   mundo natural, 132
   práticas de meditação, 133
   recompensa, 118f
   recompensa, circuito da, 116f
   regiões corticais pré-frontal, 115f
   valores, 119
Multitarefa, 15
Mundo natural, 132

N
Nojo, 74

O
Orgulho, 94

P
Pensamento, 39f
Perdão, 94
Práticas de meditação, 149-177
   amorosidade, 171
   atenção focada na respiração, 151
   atenção plena com a respiração, 152
      atenção aberta, 152
      considerações adicionais, 153
      monitoração aberta, 152
   autocompaixão, 172
   body scan, 154
   comendo com atenção plena, 164
   deslocamento consciente no trânsito, 167
      direção consciente, 167
      mindful driving, 167
      transporte coletivo, 168
         espera, 168
         fila, 168
         interior do coletivo, 168
   despertar consciente, 174
   exploração do corpo, 154
   lavando as mãos com atenção plena, 163
   loving-kindness meditation, 158, 159
   meditação
      caminhando, 156
      começando a meditar, 150
      da amorosidade, 158, 159
      da gratidão, 159
      instruções gerais, 149
      práticas informais, 163
   mindful eating, 164
   prática informal para focar a consciência, 173
   prática da maçaneta, 173
   PROA, 173
   rain na regulação emocional, 170
      aceitar, 170
      investigar, 171
      não se identificar, 171
      reconhecer, 170
   três minutos de espaço para respirar, 165
      expansão, 166
      reconhecimento, 166
      respiração, 166
   varredura corporal, 154
Processamento emocional, 51f
Propósito na vida, 123

R
Raiva, 70
Recompensa, 118f
Recompensa, circuito da, 116f
Regiões corticais pré-frontal, 115f
Regulação atencional, 17
Regulação da atenção, 59
Regulação emocional, 57, 61
Relacionamento positivo, 123
Repugnância, 74

S
Serenidade, 95
Sistema nervoso parassimpático, 53f
Sistema nervoso simpático, 53f
Situação, seleção da, 59

T
Tomada de decisão, papel do corpo na, 54
Tristeza, 73

V
Valores, 119
Vergonha, 75
Vias nervosas, 51f